本书制作人员

服饰复原：吴鸿宇 曾妮 郑若楠 蒋雨林 亚力克山大

模特：吴鸿宇 曾妮 郑若楠 蒋雨林

摄影：李南 氾紫 逸群闲余

文物图片提供：许荣光 唐静雯 王子澄 吴鸿宇 川后

中国历代

流行服饰

吴鸿宇——著

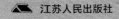
江苏人民出版社

图书在版编目（CIP）数据

中国历代流行服饰 / 吴鸿宇著. —— 南京 ：江苏人
民出版社，2024.6
　ISBN 978-7-214-29121-9

　Ⅰ．①中… Ⅱ．①吴… Ⅲ．①服饰－历史－中国
Ⅳ．①TS941.742

中国国家版本馆CIP数据核字(2024)第103729号

书　　　　名	中国历代流行服饰
著　　　者	吴鸿宇
项 目 策 划	凤凰空间 / 翟永梅
责 任 编 辑	刘　焱
装 帧 设 计	毛欣明
特 约 编 辑	翟永梅
出 版 发 行	江苏人民出版社
出版社地址	南京市湖南路A楼，邮编：210009
总 经 销	天津凤凰空间文化传媒有限公司
总经销网址	http://www.ifengspace.cn
印　　　刷	雅迪云印（天津）科技有限公司
开　　　本	710 mm×1 000 mm　1/16
字　　　数	295千字
印　　　张	13.5
版　　　次	2024年6月第1版　2024年6月第1次印刷
标 准 书 号	ISBN 978-7-214-29121-9
定　　　价	88.00元

（江苏人民出版社图书凡印装错误可向承印厂调换）

前言

中国古代服饰的研究在之前的很长一段时间内都是一个比较冷门的类别，普通人更多地是通过影视剧来认识一些古代服饰，而精准的知识储备很少。所以无论是网络上还是现实中，经常会出现有人将中国古代服饰误认为日本、韩国、越南等其他国家的服饰的现象。在我刚刚接触中国古代服饰的年代，甚至出现过因有人将中国古代服饰误认为日本服饰而当街烧掉的情况。近年来，随着中国古代服饰复兴的影响力越来越大，穿着的人越来越多，感兴趣的研究者也越来越多。我想，向大众科普中国古代服饰知识的最佳时机到了。

中国古代服饰的研究与科普是很难的，但有幸的是，在我之前已经有无数位前辈投身到中国古代服饰的研究当中，并且无私地将这些研究成果公布出来，为我们这些后来者打下了基础。我对于中国古代服饰知识的了解，也是从这些先辈们的研究成果中得来的，所以在这本书中，我更多地是扮演一个整理者和展示者的角色，将中国古代服饰以一种更加轻松直观的方式展现给大家。

中国古代服饰研究类的书籍相对来说已经不少了。但是我为什么还要花那么多的精力再去写一本呢？这是因为一直以来，中国古代服饰的研究大多都停留在单一文物上，大多在研究文物的结构如何、数据如何、面料如何。毫无中国古代服饰文化基础的大众想要了解，却不知从何下手，只能去购买一些服饰史的专业书籍，硬生生地被过于专业晦涩的文字吓跑。其实，大众想了解中国历代传统服饰无非关乎以下三个问题。

第一：这件衣服是什么？

第二：这件衣服长什么样？

第三：这件衣服怎么穿？

那么，应该如何以直观的方式向大众解答这三个问题呢？正当我为此烦恼的时候，中国国家博物馆的中国古代服饰文化展给了我灵感。这个展览以文物加文字再加蜡像复原的形式，向大众展现了中国古代服饰的一些基础知识。所以我最终决定也用这种方式去做这本书，即以简洁的文字说明加服饰文物介绍再加服饰复原图以及真人穿搭效果图来作为本书的基本结构，并以时间为轴，使读者有宏观上的认知和对比。

本人喜欢并且关注古代服饰已有十年，自己动手制作也有七八年的时间。为了向大众展现这些服饰的魅力，我与其他古代服饰爱好者共同亲手制作了上百件历代的流行服饰。为了更贴合历史风貌，我们并没有采用市场上的普通面料去制作，而是参照文物绘图定制布料，有些服饰甚至完全使用古代当时流行的染色工艺去亲手染色制作。衣服的用料也尽量使用中国传统工艺织造的面料，例如绫、罗、绸、缎、绢、纱、妆花等，力求将最真实的效果呈现给大众。在服装的最终效果展示方面，我与其他几位爱好者在摄影棚内用了几天时间去拍摄这些服装的穿着效果。从化妆到制作造型再到最后的修图调整，全部由我们独立完成。

中国古代服饰文化展　中国国家博物馆

创作团队合影

当然，本书还有诸多未尽如人意之处。如本书内容以中国历代流行服饰为主，这也就意味着例如皇帝、皇后以及官员们的一些非流行的特殊服饰没有出现。一方面，这些服饰大多与当朝当时的政治、礼仪文化有关，且为特殊人群在特殊场合的穿着，距离普通大众有些遥远；另一方面，这些服饰更适合有一定服饰史基础的人去了解。出于这两方面的考虑，就未将这类特殊服饰在书中呈现。另外，在复原展示的妆容造型上，尽量选用了简单通用的妆容造型以使读者的注意力集中在服饰上。在文物资料标注方面，也尽量将出土地与收藏地标注出来以方便感兴趣的读者深入查询了解，但部分文物由于是征集、捐赠而来，出土地或收藏地未知，所以并未有详细标注资料，还请各位读者见谅。

我们的创作团队希望本书不是大众了解中国传统服饰的终点，而是起点，所以尽量以相对轻松、有趣的编写形式激起大众了解中国传统服饰的兴趣，从而去探究服饰背后更深层次的东西。

最后，欢迎你和我一起开始探索这中国古代服饰的辽阔世界。

吴鸿宇

2024 年 6 月

目录

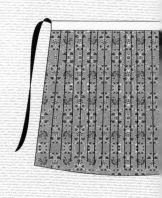

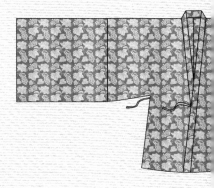

第一章

先秦两汉

◎ 来自西汉的『鱼尾裙』

◎ 屈原喜欢的『奇服』

◎ 两汉男性服饰

◎ 薄如蝉翼的素纱单衣

◎ 先秦贵族居然流行穿开裆裤

◎ 衣系玉璧，西汉晚期女性服饰

◎ 西汉女装穿衣层次

◎ 中国最早的襦裙

◎ 来自东汉的貂蝉穿什么

◎ 战国时期服饰完整穿着层次演示

◎ 曲裾——我是一颗螺丝钉

先秦服饰简述

　　中国服饰自黄帝"垂衣裳而天下治"距今已经有五千多年历史。夏商时期的流行服饰资料目前过少，流行服饰的具体样貌已经不得而知，仅能通过考古发现的一些雕刻文物、青铜器等刻画的线条来判断其基本样式。

　　虽然先秦距今久远，但其在中国服饰史上的意义却是重大的。它确立了汉族传统服饰如交领右衽、衣身宽大、T形剪裁等的基本特征，为后世服饰的发展与演变打下了基础。先秦两汉流行的服饰以衣裳相连的深衣为主，上衣下裳为辅，服饰款式上男女差异并不大。

玉站立捧手神人　天门市石家河遗址出土，上海博物馆藏

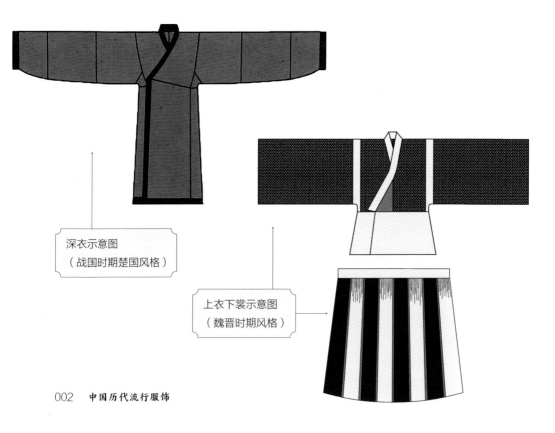

深衣示意图
（战国时期楚国风格）

上衣下裳示意图
（魏晋时期风格）

先秦时期，服饰并未真正实现统一，虽都以深衣或衣裳为主，但各诸侯国服饰的具体结构都有其不同的特征。这些服饰往往只在部分国家或地区内部流行，例如山东临淄就出土过一批齐国人俑以及可与之对应的服饰实物，但这些服饰在目前出土的其他诸侯国地区文物中并未见过，所以只能算是一定区域内流行的服饰。

①～③ 山东临淄地区出土的齐国人俑

目前我国公布的最早的成批服饰文物出自战国中晚期的马山一号楚墓，这也是能确定其出土服饰为当时大部分国家的流行服饰款式的最早墓葬。那么我们探寻中国历代流行服饰的旅程就从这里开始。

一、屈原喜欢的"奇服"

屈原在其《九章·涉江》的开篇中写道："余幼好此奇服兮，年既老而不衰"。这虽然是表现屈原意志坚定的写法，但也不免让人好奇，这楚国的"奇服"究竟是什么样的？又究竟有多奇特呢？接下来就让我们走进1982年湖北荆州出土的马山一号楚墓，这个墓葬将会为我们解开这些谜题。

马山一号楚墓为战国中晚期墓葬，墓主人为战国时期楚国贵族女性，出土时尸骨被13层衣物层层包裹。由于墓葬保存条件完好，这些衣物大都较为完整，涵盖了袍、裙、裤等从内到外的全套服饰。

墓葬中服饰文物款式基本是直裾式袍服，根据其基本外形特征可分为垂胡袖、直袖、窄袖三类。

马山一号楚墓服饰出土状态

1. 垂胡袖直裾袍服

垂胡袖直裾袍服的特征是衣长曳地，宽袖，袖口收窄呈垂胡袖，袖展较长。

此类袍服为马山一号楚墓中出土最多的款式，且装饰华丽，多由织锦与刺绣制成。衣长全部拖地，最长的衣长甚至达到2米；袖长极长，袖展可达3.45米。全身皆由华丽的布料裁剪拼接制作，交领右衽，上下分裁，周身镶缘边，腋下镶嵌小腰结构方便活动与穿着。

垂胡袖小菱形纹锦袍　湖北荆州博物馆藏

漆奁《彩绘人物车马出行图》上的垂胡袖袍服形象　湖北荆门包山二号楚墓出土，湖北省博物馆藏

马山一号楚墓出土垂胡袖直裾袍服结构示意图

　　这种穿着拖地、袖长极长的衣服现在看来十分不便，并不适合日常穿着，那么这会不会是一种专供逝者下葬穿着的寿衣呢？实际上并不是。首先，马山一号楚墓的墓主人是一位贵族女性，那么她就没有"不便"的顾虑；此外，战国时期我国尚处于席居时代，日常活动与居住的地方多铺设有地板，所以自然也就不必担心衣服是否拖地的问题了。

马山一号楚墓出土拖地式垂胡袖直裾袍服复原效果图

拖地式垂胡袖直裾袍
服复原效果图（正面）

拖地式垂胡袖直裾袍服复原效果图（侧面）

拖地式垂胡袖直裾袍服复原效果图（背面）

根据出土的同时期的其他文物推测，这类服饰除了在各个诸侯国之间流行，还可能是男女同款。在湖南长沙子弹库楚墓出土的两幅帛画中的男女形象表明，当时的贵族男性也会穿着此类拖地的直裾袍服。那么贵族出身的屈原喜好的"奇服"会不会正是这种尺寸极大的款式呢？

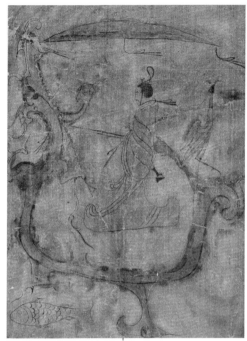

《人物御龙图》帛画中着垂胡袖直裾袍服的男性形象
湖南博物院藏

《人物龙凤图》帛画中着
垂胡袖直裾袍服的女性形象
湖南博物院藏

2. 直袖直裾袍服

　　直袖直裾袍服的特征是衣长稍短，宽直袖，袖子平直，短袖。

凤鸟花卉纹绣浅黄绢面绵袍文物
马山一号楚墓出土，湖北荆州博物馆藏

此类文物在墓葬中发现较少，仅有两件。袖子呈平直的方形，通袖较短，装饰十分华丽，全身布满刺绣。基本结构与垂胡袖袍服相似，上下分裁，周身镶有缘边，腋下镶嵌小腰结构，但整体拼接裁片较多。尺寸相较垂胡袖袍服整体偏小，衣长微微拖地，袖长要短很多，有可能是当时较为日常的衣物或是穿在外层的华丽罩衣。

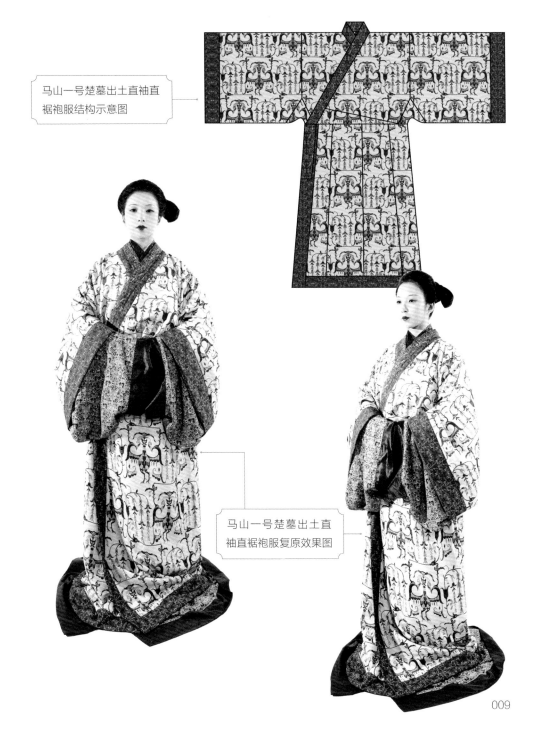

马山一号楚墓出土直袖直裾袍服结构示意图

马山一号楚墓出土直袖直裾袍服复原效果图

3. 窄袖直裾袍服

窄袖直裾袍服的特征是衣长及地，窄袖，袖展较短。

窄袖直裾袍服文物在马山一号墓葬中有两件，编号为 N1 和 N22，其中 N22 穿于墓主人身上，为中层衣物。由于 N22 残损严重，目前只能参考 N1 研究其款式。N1 全身由藕色素纱制成，内絮丝绵。衣长约到地面，上半身结构特殊，使用了正裁斜拼的制作方式，无小腰结构。这种做法让衣身肩部自然形成一个下斜，减少了袖子处的布料堆积。袖子由腋下至袖口逐渐缩小呈窄袖状，整体无花纹装饰也无缘边。鉴于 N22 的穿着情况，推测此类衣物是当时的内搭衣物或是方便日常起居的便装。

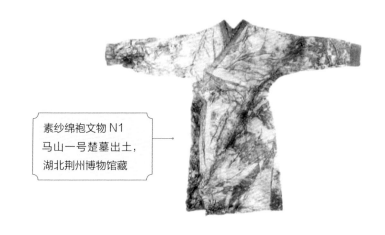

素纱绵袍文物 N1
马山一号楚墓出土，
湖北荆州博物馆藏

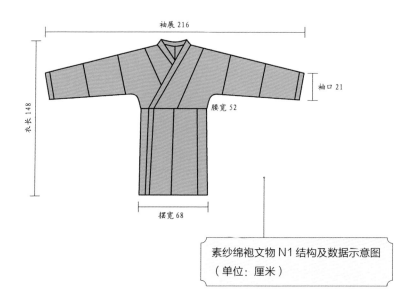

袖展 216
衣长 148
袖口 21
腰宽 52
摆宽 68

素纱绵袍文物 N1 结构及数据示意图
（单位：厘米）

马山一号楚墓出土窄袖直裾袍服
复原效果图

二、先秦贵族居然流行穿开裆裤

马山一号楚墓中除袍服外还出土了一条裤子，学名
为凤鸟花卉纹绣红棕绢面绵裤。令人震惊的是这居然是
一条开裆裤！这样穿上去难道不会走光吗？这条裤子虽
然是一条开裆裤，但是它穿上后并不像现代人所想的那
样会走光，相反这条裤子的私密性非常好。

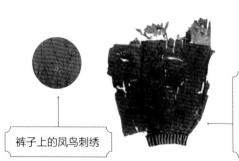

凤鸟花卉纹绣红棕绢面
绵裤 N25 文物
马山一号楚墓出土，湖
北荆州博物馆藏

裤子上的凤鸟刺绣

这条裤子虽然是没有裤裆的，但由于其裤头十分宽大，穿着时需要将开口两侧的裤头两两相叠，穿好后原来的开口部分就被相叠的裤头遮住了。另外，裤子在当时是作为贴身衣物穿着的，外层通常还会穿着裙子和长长的袍服，这样一来，裤子是否开裆自然就不是什么问题了。

马山一号楚墓出土绵
裤复原效果图（正面）

马山一号楚墓出土绵
裤复原效果图（背面）

除了开裆裤，先秦还有合裆裤。曾有人认为古代汉族人是穿开裆裤甚至是不穿裤子的，但实际上很早就有先秦时期的合裆裤文物出土。位于河南三门峡的西周虢国墓地就曾出土过一条裤子，并且可清楚地看到裤裆是缝合的，这条裤子无疑是对汉族"无裤论"的有力回击。

虢国墓出土合裆裤文物
河南三门峡市虢国博物馆藏

三、中国最早的襦裙

除了上述的各种袍服外，马山一号楚墓还为我们了解先秦时期的内衣提供了丰富的资料。墓葬中出土的两条裙子和一件夹衣（称为上襦），均为内搭的衣物，并且这是我国目前已知的时间最早的襦裙文物。但由于文物残损严重，这套上襦文物的结构数据目前已无法得知，仅知其基本外观，但裙子结构相对清晰。

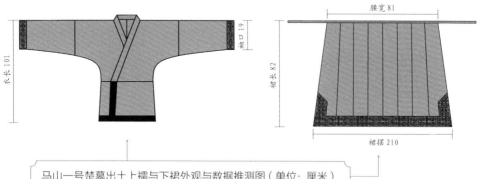

马山一号楚墓出土上襦与下裙外观与数据推测图（单位：厘米）

马山一号楚墓中的这条裙子由 8 片上窄下宽的梯形布料拼接制成，这种做法做成的裙子现代俗称多破裙（简称破裙）。"破"意为将布料沿斜线破开，由几块布料拼接制成就称为几破裙，例如马山一号楚墓的裙子就是由 8 块布料拼接而成的八破裙。裙子在底摆和两侧下方都镶有缘边。穿着时穿于裤外，然后再穿作为上衣的上襦。

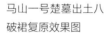

马山一号楚墓出土八破裙复原效果图

马山一号楚墓出土襦裙复原效果图

四、战国时期服饰完整穿着层次演示

马山一号楚墓的墓主人出土时穿着自内衣到最外层的全套完整衣物，依次为裤 N25、裙 N24、襦 N23、窄袖长袍 N22、拖地长袍 N21。就此我们可以推测出两千多年前战国时期女性流行服饰的穿衣层次。

第二层：下裙

第三层：上襦，系带系结

第一层：开裆裤

第四层：窄袖袍服

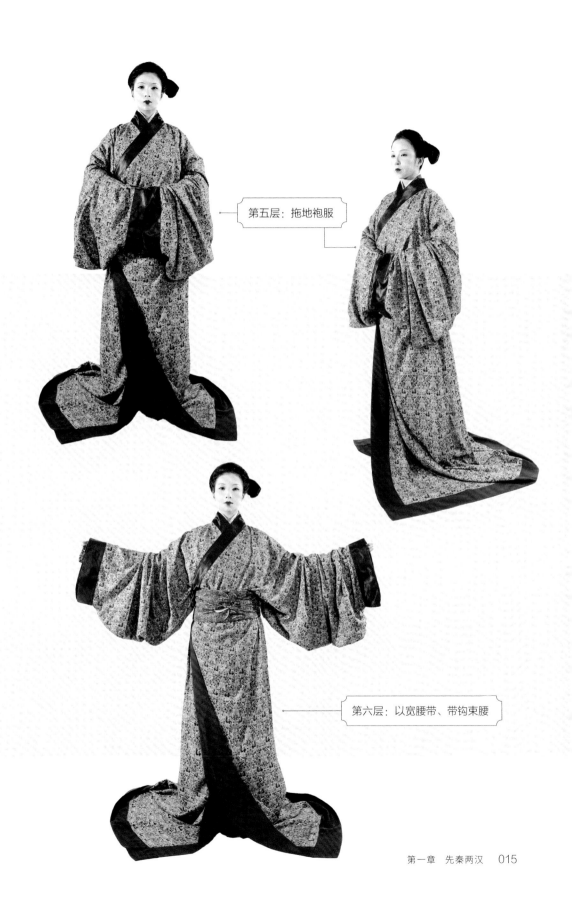

第五层：拖地袍服

第六层：以宽腰带、带钩束腰

五、曲裾——我是一颗螺丝钉

为什么把曲裾比作螺丝钉？这还要从其基本特征
说起。裾在传统服饰中指衣服的前襟部分。曲裾顾名
思义就是有明显弯曲的前襟，直裾就是垂直于地面的
前襟。曲裾袍服或称曲裾深衣就是指衣服前襟呈弯曲
状的袍服，穿着时需要将衣襟弯曲延伸出去的三角形
部分缠绕在身上。穿着完成后，外观上有点类似于螺
丝钉的形状，并且缠绕的圈数越多就越像螺丝钉。

着曲裾彩绘木俑
中国国家博物馆藏

最著名的曲裾袍服文物当属 1972 年在马王堆西汉墓一号墓（以下简称马王堆
汉墓）出土的西汉初期的女性曲裾袍服。这些曲裾袍服大部分都是单绕曲裾，基本
结构大同小异——上下分裁，上身部分交领右衽，袖子为垂胡袖，下摆部分将布料
旋转倾斜缝纫，衣襟延伸出一个三角状构成曲裾部分，全身缝制宽缘边。这些服饰
大多是用名贵的绮、罗、绢等布料制作的，并且大部分都有华丽的刺绣作为装饰，
衣长大都拖地。

曲裾袍服的穿着较为复杂，因为这些衣服都是没有系带固定的，仅凭腰带固定，
一个人是无法穿好的，穿着时需要侍者帮忙，而这对于身为贵族的墓主人来说并不
是什么难事。与墓主人一起下葬的还有大量的侍者人俑，这些人俑身上也多穿着此
类曲裾袍服。

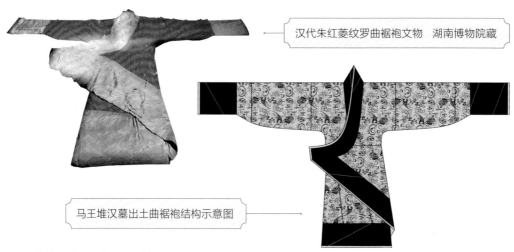

汉代朱红菱纹罗曲裾袍文物　湖南博物院藏

马王堆汉墓出土曲裾袍结构示意图

马王堆汉墓出土朱红菱纹罗曲裾
丝绵袍复原效果图（侧面）

马王堆汉墓出土朱红菱纹罗曲
裾丝绵袍复原效果图（正面）

　　虽然马王堆汉墓中的服饰文物基本都是此类单绕曲
裾袍服，但曲裾袍服并不是只有这一种形态。笔者在观
察过包括马王堆汉墓的大量西汉墓葬出土的文物后发
现，曲裾袍服还有很多款式，如窄缘曲裾袍服、多绕曲
裾袍服、燕尾曲裾袍服、鱼尾曲裾袍服等。

马王堆汉墓出土窄缘曲裾袍服形象人俑
湖南博物院藏

窄缘曲裾袍服复
原效果图（正面）

窄缘曲裾袍服复
原效果图（背面）

窄缘曲裾袍服复
原效果图（侧面）

六、来自西汉的"鱼尾裙"

现代有一种在大腿处收窄、到了小腿又突然散开的呈现鱼尾状的裙子，很受女性欢迎。这种时尚的裙子早在两千多年前的西汉就被我们的祖先穿过了，并且无论男女均可穿着。

马王堆汉墓中出土了三件下摆散开呈鱼尾状的直裾袍服，都是印花敷彩纱丝绵袍，均有可能是墓主人辛追夫人生前穿过的衣服。

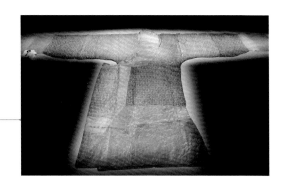

印花敷彩直裾丝绵袍文物
马王堆汉墓出土，湖南博物院藏

辛追夫人的三件直裾袍服的款式结构以及花纹工艺基本一样。交领右衽、袖长过手呈垂胡状，全身镶以用斜裁法裁剪制作的素色宽缘边，最下摆的缘边向两侧散开呈鱼尾状。在花纹装饰上，三件直裾袍服都使用了"印花敷彩"的工艺，即使用事先制作好的印花模板将设计好的纹样印在布料上，再加上手绘，最后裁制缝纫成衣。

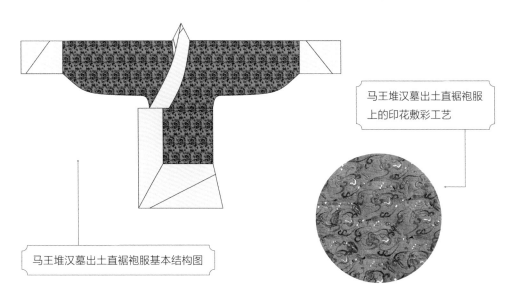

马王堆汉墓出土直裾袍服上的印花敷彩工艺

马王堆汉墓出土直裾袍服基本结构图

这种直裾袍服在穿着时衣襟后掩，大腿处收窄，小腿以下由于裁剪结构，穿着时会自然出现鱼尾效果，方便腿部活动。再加上服饰尺寸较小、衣长较短，由此推测，这类直裾袍服很有可能是辛追夫人生前日常穿着的衣服。

马王堆汉墓出土印花敷彩直裾袍服
复原效果图（正面）

马王堆汉墓出土印花敷彩直裾袍服
复原效果图（背面）

马王堆汉墓出土印花敷彩直裾袍服
复原效果图（侧面）

七、薄如蝉翼的素纱单衣

在马王堆汉墓出土的服饰文物中，有两件被列为国家一级文物的素纱单衣，一件为直裾式素纱单衣，另一件为曲裾式素纱单衣。

> 曲裾素纱单衣与直裾素纱单衣文物　马王堆汉墓出土，湖南博物院藏

两件素纱单衣都由未经染色的极其轻透的蚕丝方孔纱制成，直裾素纱单衣仅重49克，曲裾素纱单衣更是达到了惊人的48克。并且曲裾素纱单衣的尺寸比直裾素纱单衣足足大了四分之一，可见当时纺织工艺的高超。可是这两件著名的服饰自马王堆汉墓出土以来就面临两个问题：一个是直裾素纱单衣穿着方式的问题，另一个是两件素纱单衣的现代复制问题。

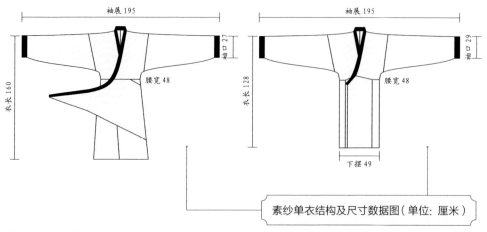

素纱单衣结构及尺寸数据图（单位：厘米）

一直以来，直裾素纱单衣的穿法都有两种不同的看法：一种认为它是一件穿在袍服里面的内衣，另一种认为它是一件穿于华丽袍服外的罩衣。那么，这两种观点哪个更贴近历史呢？

其实直裾素纱单衣最有可能的还是一件内衣。它的尺寸是马王堆汉墓出土所有服饰文物中最小的，过小的尺寸决定了它套不进任何衣服，所以无法作为穿于最外层的罩衣。另外，其裁剪制作方式也更贴近内衣的制作方式。同马山楚墓的内搭素纱绵袍一样，都使用了肩斜这种减少布料堆积、贴合人体的制作方法，就此判断素纱单衣极有可能是一件内衣。那么，作为内衣在汉代的名称中很可能是长襦或襜褕（chān yú）。

马王堆汉墓出土直裾素纱单衣
复原效果图

另外一件曲裾素纱单衣应该怎么穿呢？与直裾素纱单衣相反，曲裾素纱单衣有可能是穿于最外面的一件罩衣。因为曲裾素纱单衣的部分尺寸是马王堆汉墓服饰中偏大的，其衣长有160厘米左右，是所有衣物中最长的一件。当然也不排除与直裾素纱单衣一样也是内衣的可能性。

马王堆汉墓出土曲裾素纱单衣复原效果图

关于两件素纱单衣的另外一个问题，就是在科技如此发达的现代居然很难复制这两件衣服。

两件素纱单衣由于历经两千余年，且保存条件较差，又在20世纪80年代曾被盗过，虽然最后得以追回，但损坏严重。出于文物保护与展陈需要，专家们决定对两件素纱单衣进行复制。但无论如何制作，复制品都无法达到原文物那样轻薄，这是什么原因呢？

按理说在纺织工业如此发达的现代复制两件两千年前的衣服应该不成问题，但事实正好相反。素纱单衣的复制难就难在布料上，两件素纱单衣的主体都是用极其轻薄的未经染色的平纹素纱制成的，但现代的养蚕工艺已经经过了几千年的发展与改良，蚕虫吐出来的丝早已不像汉代那么细了，再加上现代缫丝工艺已经做不出西汉时期那样细的丝线，所以想复制出重量一模一样的素纱单衣就变得十分困难。

好在经过专家们的不懈努力，终于做出了和西汉时期类似的蚕丝线，并且经过纺织手工艺人的织造与制作，在 2019 年成功复制出了重 49 克的直裾素纱单衣，2021 年又成功复原出了重 48 克的曲裾素纱单衣。

直裾素纱单衣复制品

八、西汉女装穿衣层次

由于资料缺失，马王堆汉墓中女性服饰的穿衣层次是比较模糊的。但根据相近时期的文献以及文物显示，其穿衣层次可能为裙、襦或长襦、袍、外层单衣。

在马王堆汉墓中，出土了两条裙子，都是四破裙，其基本结构为将四片梯形布料拼接、缝合成一整片扇形布料后，缝上裙腰，腰部无捏褶，穿着时围系在腰上。

马王堆汉墓出土四破裙
复原效果图

马王堆汉墓出土四破裙文物
湖南博物院藏

在穿着裙子的基础上，再穿上单衣，用腰带系结，最后是袍服，同样也用腰带系结，在外层袍服外可能还会穿一件单衣。就此我们复原出了西汉时期女性的穿衣层次。

第一层：四破裙

第二层：
素纱单衣

第四层：外穿单衣

第三层：曲裾（或直裾）
袍服（正面）

第三层：曲裾（或直裾）袍服（侧面）

第三层：曲裾（或直裾）袍服（背面）

九、衣系玉璧，西汉晚期女性服饰

2012 年，山东省定陶地区发现一座西汉晚期的贵族墓葬，令人气愤的是这座墓葬早已被盗墓贼洗劫一空，考古学家们仅在墓室内的地板下发现了一个竹笥（sì）。竹笥是用来盛放衣物、书籍等的竹制盛器，而这个竹笥内就藏着一件西汉晚期流行的大摆女式直裾袍服。这件袍服也是目前我国北方保存最好的一件西汉时期的服饰文物。

大摆直裾袍服文物
定陶汉墓出土，山东定陶博物馆藏

定陶汉墓出土大摆直裾袍服结构推测图

袍服整体为深紫色，上有红色花纹，直裾大摆，两袖较短呈垂胡状，交领呈左衽放置。令人惊讶的是，这件袍服背后还缝有一块精美的玉璧。这一做法可能与当时的习俗有关，玉璧在中国传统文化中有很多含义，如表明身份贵重、祭祀使用、辟邪使用等，因此中国早期服饰多以玉璧作为配饰，由此还产生了一种以玉璧为纹样的织锦——连璧锦。

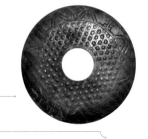

直裾袍服上的玉璧
定陶汉墓出土，山东定陶博物馆藏

汉晋时期连璧锦文物
中国丝绸博物馆藏

由于墓葬被盗严重，缺乏具体穿衣信息，在对比了西汉晚期大量的人俑与壁画后，考古学家们推测这件直裾袍服为穿于最外层的衣服，较短的袖展和较窄的领子能够很好地露出里面的一层层衣物。下摆宽大也很符合西汉晚期至东汉时期的女性服装审美。

西汉晚期着大摆直裾袍服的人俑
北京故宫博物院藏

西汉晚期东平汉墓壁画上着大摆袍服的女性形象
山东博物馆藏

定陶汉墓出土直裾袍服复原效果图

十、来自东汉的貂蝉穿什么

对"四大美女"之一的貂蝉,相信大家并不陌生。虽是虚构的人物,但根据小说等描写的背景,她应当是一位生活在东汉末年的女性。那么,她究竟会穿什么样的衣服呢?

来自东汉晚期的打虎亭汉墓壁画为我们揭示了东汉女性的流行服饰,即襦裙装。这一时期的女性已经逐渐开始放弃宽大的深衣袍服,穿起上衣下裳的襦裙装。上半身是层层叠叠的宽袖上襦,下半身则着一条长裙,裙子或短至脚面或下摆拖地。

打虎亭壁画上几乎所有的女性都穿着这样的襦裙装,可见其流行程度。那么来自东汉的貂蝉极有可能也是如下图的打扮。

河南东汉打虎亭汉墓壁画中女性着襦裙的形象

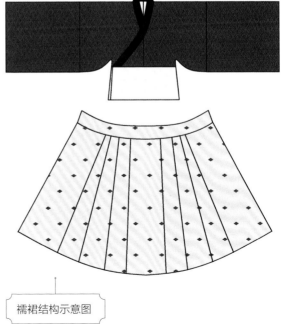

打虎亭汉墓中襦裙复原效果图

襦裙结构示意图

当然，这一时期的女性虽然逐渐放弃了深衣，但我们还是能在东汉后期的一些文物中看到它的身影，只是流行程度已经逐渐变弱，并且深衣的整体款式也有所简化，两晋时期后便再难看到女性深衣的影子了。

十一、两汉男性服饰

两汉时期男性的衣柜里都有什么衣服呢？与女性一样，两汉男性多以深衣袍服为主，襦裙或襦裤为辅。这一时期的男女装在日常服饰上的区别不是很大，男性外层服装也会选择曲裾或直裾袍服，除此之外在最外层还会套上一件单衣，有些外层的单衣甚至还会裁剪出燕尾形状。男女款式虽然差异不大，但整体的花纹装饰、配饰细节等还是有所区别的。男性的内衣及日常便服则是襦裙或襦裤，这一点在东汉时期出土的男性墓葬中都有发现。

西汉初期的男性还会穿着曲裾袍服，到了后期则多穿直裾袍服，尤其是东汉以后，男性服饰中几乎就看不到曲裾袍服的身影了。遗憾的是，目前出土的两汉时期男性服饰文物十分稀少，无法完整还原这些流行的服饰，仅能通过壁画或人俑来推测、复原其外观。

西汉着曲裾袍服的男性人俑
马王堆汉墓出土，湖南博物院藏

汉代着直裾袍服的彩绘男俑
陕西汉景帝阳陵博物院藏

第二章

魏晋南北朝

魏晋南北朝服饰简述

　　魏晋南北朝是一个混乱的时代，自北方游牧民族内迁后华夏大地便开始了延续百年的民族大融合时代。在这段时间里，不同民族的文化与宗教信仰在华夏大地上碰撞。在服饰方面，无数款式在碰撞中或消亡或兴盛，而后融合发展。这其间的服饰既有汉族传统的宽衣博带之风，又有少数民族的窄小便捷之利。

　　由于战乱不断，此时的中原汉族百姓多将其心志寄托于老庄和佛教之上，就此产生了魏晋南北朝宽大松垮的服饰风格。而来自中原之外的少数民族因仰慕汉族文化而开始学习汉族服饰风格，又在战乱中为汉族人带来了更为方便的款式结构和制作方式。最终，汉服与其他民族服饰在百年的交流融合后在隋朝的建立下走向了统一。

魏晋时期穿着襦裙的
女性壁画形象
甘肃高台县博物馆藏

　　魏晋南北朝的历史虽是混乱的，但这一时期在服饰史方面却是非常重要的。多种民族服饰风格经过数百年的融合，最终发展出了大量服装款式，为后世的服饰发展奠定了基础。接下来让我们一起打开魏晋南北朝人的衣柜，看看他们的流行服饰吧。

魏晋时期妇人启衣箱图壁画
甘肃高台县博物馆藏

一、魏晋的大爆款——襦裙

上衣下裳制的襦裙装在魏晋时期迎来了它的黄金期，几乎成为当时的主要服装。这一时期的襦基本都是上下分裁，在腰部接一道横襕；裙则多是由多片梯形布料拼接而成的扇形裙子。魏晋南北朝大量文物中的人物形象都穿襦裙装，其具体结构也有大量文物实物证明。

魏晋南北朝彩绘襦裙木俑
英国大英博物馆藏

魏晋南北朝襦裙陶俑
中国国家博物馆藏

魏晋南北朝彩绘襦裙陶俑
陕西历史博物馆藏

在甘肃毕家滩花海出土的东晋十六国墓葬中出土了包括了内衣裤、中衣、裙等魏晋时期的女性全套衣物，还出土了一片珍贵的衣物疏。衣物疏是古代丧葬文化中重要的组成部分，主要是将随葬衣物一一登记，记录成册后放入墓葬中，其性质有点类似现代的财产清单登记。这些衣物疏就像一条留言，为我们揭示了当时的衣物命名方式与穿搭层次。

花海毕家滩东晋墓衣物疏局部

第一件衣服名字为紫缬襦，款式正是魏晋时期极具代表性的上下分裁襦，穿于最外层，视觉上可以增加衣服的层次感。衣服以紫色为底色，密密麻麻地整齐排列有众多绞缬纹样。这件上襦在腰部接一道白色横襕、交领右衽、袖子呈外扩的半袖状，在肩部还镶嵌有看似时尚的格子纹织物。

紫缬襦文物
甘肃毕家滩东晋墓出土，甘肃省文物考古研究所藏

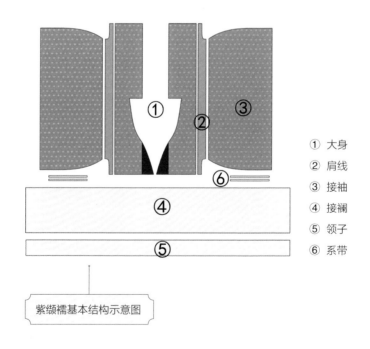

① 大身
② 肩线
③ 接袖
④ 接襕
⑤ 领子
⑥ 系带

紫缬襦基本结构示意图

毕家滩东晋墓出土紫缬襦复原效果图

中层是绿襦，这是一件魏晋时期最常见的长袖襦。长袖襦是当时的外衣，可直接穿在最外层，也可以在外面再穿上半袖襦。绿襦的基本结构与紫缬襦一样，但具体装饰更多样，袖口缝缀了三层花色不同的布料，领子也由两层不同的布料制成，并且在肩部缝缀了两条红色的绞缬纹样布条。绿襦之外还有一件裲裆（亦作两裆），裲裆原为内衣，东晋后开始穿于交领襦之外。

裲裆文物残片与结构推测图
毕家滩东晋墓出土，甘肃省文物考古研究所藏

绿襦文物残片
毕家滩东晋墓出土，甘肃省文物考古研究所藏

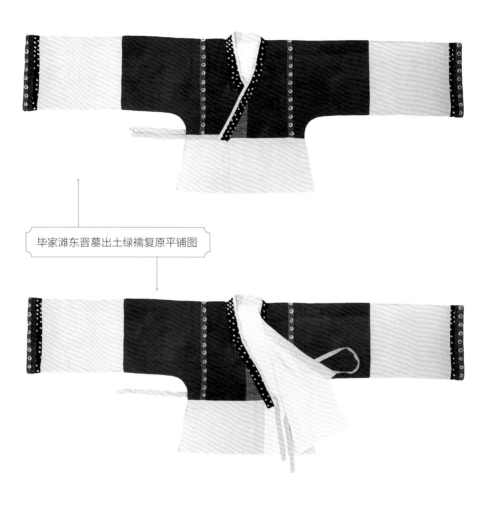

毕家滩东晋墓出土绿襦复原平铺图

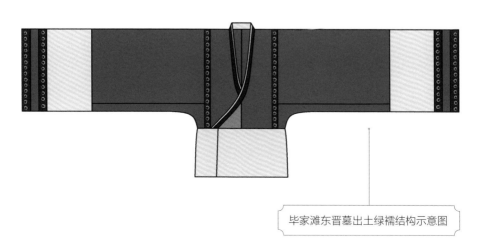

毕家滩东晋墓出土绿襦结构示意图

毕家滩东晋墓出土绿襦复原效果图

　　白襦为最贴身的衣物，
上下分裁，领子呈对襟斜交
状，袖子呈窄袖。衣物疏上
记录其为"白练衫"，衫是
魏晋南北朝时期对于单层内
衣的称呼。因其为内衣，故
无任何装饰，款式也较简单。

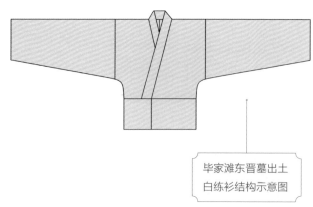

毕家滩东晋墓出土
白练衫结构示意图

毕家滩东晋墓出土白练衫
与绯绣裤复原效果图（正面）

毕家滩东晋墓出土白练衫
与绯绣裤复原效果图（背面）

　　魏晋时期的下装有裤子和裙子两种。当时流行的裙子为多破裙，在设计上流行使用间色的做法，即以两种不同颜色的布料裁剪、拼接制成。例如，毕家滩花海东晋墓出土的绯碧裙就是典型的间色多破裙，裙身以红色和碧色（介于蓝绿之间的颜色）两色系的布料裁剪成梯形后缝纫拼接成一个扇形，之后又在裙子的每片布料的腰部捏出褶状，最后再缝上裙腰与系带。

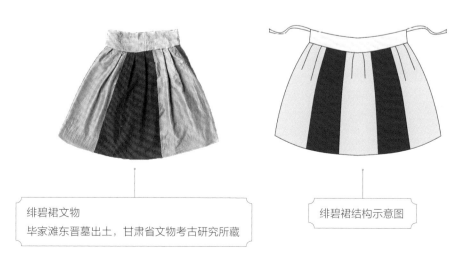

绯碧裙文物
毕家滩东晋墓出土，甘肃省文物考古研究所藏

绯碧裙结构示意图

毕家滩东晋墓出土绯碧裙复原效果图

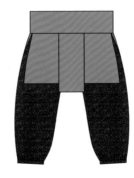

绯绣裤文物
毕家滩东晋墓出土，甘肃省文物考古研究所藏

绯绣裤结构示意图

毕家滩墓葬中的绯绣裤款式为典型的魏晋时期开裆裤。裤子做法较复杂，以红色刺绣布料作为裤子腿部，绿色素绢为裤子臀部，裆部则镶嵌绿色方形布片，裤裆不缝合，为开裆裤。

毕家滩墓葬出土时服饰都是穿在墓主人身上的,全套服饰的穿着信息十分完善,并且这些衣服与随葬的衣物疏上的记录可以一一对应。所以千年后的今天我们才可以通过这些信息还原出当时女性的穿衣层次。

当然魏晋时期的襦裙并不止上述这一种款式,如上襦按照袖型和领型还能细分出很多种类,裙子按照其裁剪方式和制作方式也能分出很多种类,这些款式在后续也会一一介绍。

二、顾恺之笔下的魏晋服饰

相信大家都看过顾恺之所绘的反映魏晋时期服饰的画作,其中《女史箴图》和《洛神赋图》最为知名。现存的画作虽为后世摹本,但其上反映的服饰风格与魏晋时期的服饰风格基本相符。这些图卷和魏晋同期文物一起构成研究魏晋时期服饰整体形象的重要参考。

《女史箴图》中女性服饰形象 东晋顾恺之原作,英国大英博物馆藏

《洛神赋图》中女性服饰形象 东晋顾恺之原作,北京故宫博物院藏

经过了两汉长时间的大一统时代，服饰风格开始由原来的地域差异较大走向统一。此时中国大部分地区的服饰以襦裙装和深衣为主，并且由于民族融合尚未影响至此，所以服饰风格保留了原始的汉族风格。三国时期吴国的朱然墓出土了大量反映当时服饰的漆器，其上的服饰形象与《女史箴图》上的服饰形象几乎一模一样。

三国时期朱然墓出土漆
画上的服饰形象
马鞍山市博物馆藏

《女史箴图》中女性服
饰形象　东晋顾恺之原
作，英国大英博物馆藏

根据文物来看，当时南方的服饰依旧延续了东汉末期的服饰风格，无论男女装都与东汉时期的服饰相差不大。女装多为襦裙或深衣，袖子多为垂胡袖，裙长拖地，衣服阔形松垮，在襦裙的基础上还会加一些配件，例如下半身会穿着一条有着三角形飘片的蔽膝，上半身则会穿上一件袖口有打褶缘边的半袖衣物。男装则延续东汉的直裾深衣，头戴介帻。

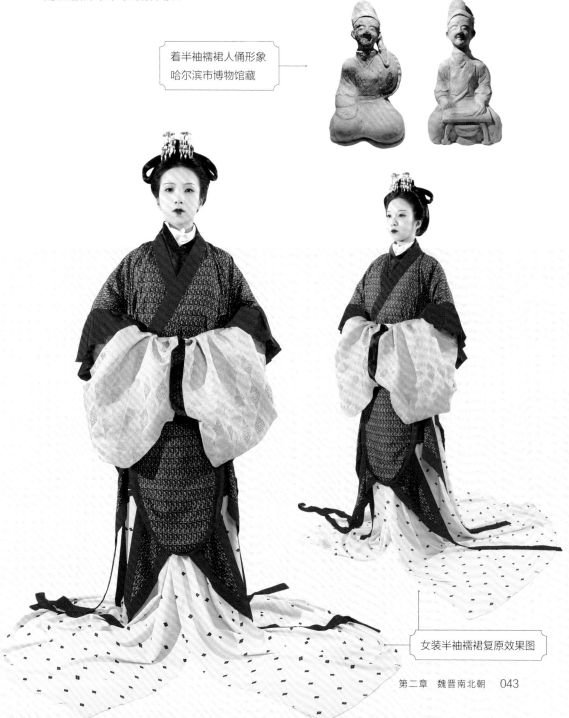

着半袖襦裙人俑形象
哈尔滨市博物馆藏

女装半袖襦裙复原效果图

三、魏晋女性襦裙穿着层次

第二层：腰系下裙

第一层：贴身衫与裤子

第四层：襦外罩裲裆

第三层：长袖襦

第四层：外罩裲裆
（背面）

第四层：外罩裲裆
（正面）

第五层：半袖襦
（背面）

第五层：半袖襦
（正面）

四、流行全国的大红裲裆

　　裲裆是魏晋南北朝时期的重要服饰之一，可作为内衣穿着，也可作为外搭，甚至还可作为军戎服饰穿着于外层。文献中对于其的记载是："其一当胸，其一当背。"也就是说裲裆是由前后两片组成的，整体有点类似现在的背心。

　　内穿的裲裆比较小，整体用较柔软的布料制作，以系带固定，常贴身穿着或穿于多件衣服的中层，并且还会在裲裆上刺绣上华丽的图案。这种内穿的裲裆在我国有着大量文物出土，令人震惊的是，虽然这些文物的出土地点不同、墓葬时间不同，但这些文物的整体设计几乎是一模一样的，有的甚至连花纹题材也一样。

　　通过文物我们可以看到，这些裲裆都使用了红白配色，在红色的部分都使用了刺绣，并且刺绣的题材多数是一样的共命鸟纹刺绣，这是怎么回事呢？

魏晋砖画中着红白裲裆的人物形象（复制件）
中国国家博物馆藏

共命鸟裲裆复原效果
（现代作品）

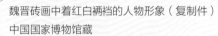

共命鸟绢绣
新疆维吾尔自治区博物馆藏

共命鸟也叫双头鸟，取材自佛经中的一个故事。很久以前，在一座山上有一只长着两个头的鸟，有一天其中一个头趁另一个头睡着时吃了一朵美味的花（也有传是果子），另一个头醒来知道这件事后，因为没有吃到美味的花便怀恨在心。一天这个头趁另一个头睡着时便吃下了一朵毒花，由于这两个头共用一个身体，所以在吃下毒花后双双殒命。这个小故事反映了一荣俱荣、一损俱损的道理，在魏晋南北朝这样动荡的时期，这个呼吁和谐共处的故事很快流传开来，并且运用到衣服的装饰上。

内穿裲裆复原图（正面）　　内穿裲裆复原图（背面）

外穿的裲裆相比作为内衣穿的裲裆，尺寸较大，并且制作方式和布料使用都有不同。例如，肩部一般使用皮带扣固定，面料则使用硬挺的布料制作以保证整体挺立。用于戎装时还会以皮革、金属制作，例如裲裆铠、裲裆甲等。

外穿裲裆通常会搭配裤褶服穿着，构成南北朝裤褶裲裆的固定搭配。

南北朝裤褶裲裆复原效果图（正面）

南北朝裤褶裲裆复原效果图（侧面）

 五、裤褶与裙褶服

　　裤褶是上穿褶下穿裤的搭配，褶裙则是上穿褶下穿裙的搭配，流行于南北朝到唐初，男女均可穿着。褶是一种穿于最外层的上衣，衣长有长有短，袖子有小有大，穿着时常作对襟或左衽穿着，在魏晋南北朝时期民族融合后，褶的领子也按照汉族的穿衣习惯改为右衽。

北魏着裤褶女性形象陶俑　河南洛阳博物馆藏

在中国丝绸博物馆中藏有一件绞缬绢衣，其款式与北朝裤褶文物上的形象十分接近，故推测其为北朝时期的褶。整体结构通裁不开衩、对襟阔袖，在袖根处还有捏褶。当然褶不止这一种形态，这件北朝时期绞缬绢衣可能只是南北朝时期流行的褶中的一种形态。

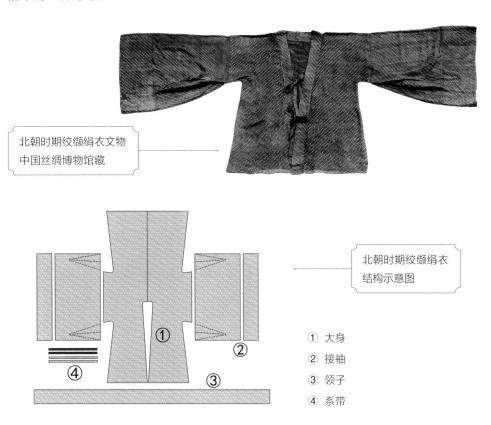

北朝时期绞缬绢衣文物
中国丝绸博物馆藏

北朝时期绞缬绢衣
结构示意图

① 大身
② 接袖
③ 领子
④ 系带

与褶搭配的裤通常是阔腿裤，穿着时裤腿自然散开，有时还会在小腿处用系带绑缚收口，方便活动。南北朝时期的裤也有很多款式，除了阔腿裤，还有直筒裤、灯笼裤等。魏晋南北朝时期的裤子除了搭配褶，还可搭配襦、袄等上衣。

魏晋南北朝画像砖中着裤褶的人物形象
中国国家博物馆藏

褶也可以搭配裙子，同样是无论男女均可穿着。南北朝时期，男装经典的裤褶装为上半身穿着长款褶，下半身搭配阔腿裤。而搭配裙子时多穿衣长较短的褶，有的人在穿着时还会把褶的下摆放入裙子里。与同时期的襦裙装一样，在穿着褶裙时领子也会拉开一个大口，露出里面的衣服。

北朝时期绞缬绢衣复原效果图

南北朝时期裤褶复原效果图

六、穷奢极侈的大袖

东晋末年的服饰出现了一种在当时看来是"妖异之兆"的流行趋势：衣服的袖子开始慢慢变宽，到了南北朝甚至发展到袖宽及地的程度。由于这类大袖襦形状明显区别于其他朝代的大袖襦款式，所以现代也常称为窄臂大袖。

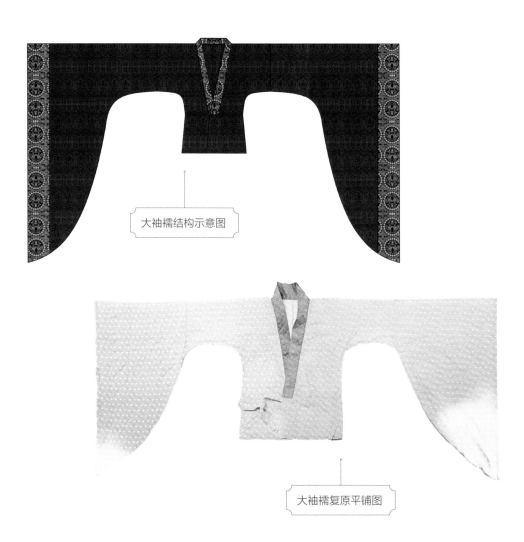

大袖襦结构示意图

大袖襦复原平铺图

这种大袖襦袖子在手臂处极窄，随后又突然变宽，这在之前的朝代是没有出现过的。制作这种大袖上衣是非常损耗布料的，做一件大袖襦的布料甚至可以制作两件小袖衣，可以说这种流行趋势实在是太奢侈了。但这种大袖襦并不仅仅在贵族之间流行，甚至连平民百姓的袖子也变得宽大起来。

大袖襦裙复原效果图（背面）

大袖襦裙复原效果图（正面）

大袖襦裙复原效果图（侧面）

在当时，大袖类上衣的款式主要有两种，一种是当时流行的襦，另外一种就是褶。大袖襦与大袖褶均有不同的流行地区与人群，甚至在不同地域都有不一样的制作工艺和装饰风格。大袖襦分裁接襕，从现有文物上看无论男女皆可穿着。

北魏时期《孝文帝礼佛图》中男性大袖襦裙形象
美国纽约大都会艺术博物馆藏

大袖襦基本都是搭配长裙穿着，裙子或束腰或束至胸部，衣服下摆或放入裙内或放在外面，通常还会将领口两侧向外拉开，形成一个 V 形开口露出内衣，类似现代的露肩装。

北齐徐显秀墓壁画中将襦穿成开领的形象
太原北齐壁画博物馆藏

开领穿衣效果复原图

大袖襦的装饰风格在地域上也有一些差别，北方人喜欢在大袖襦上添加各类缘边，用料上也会有北方地域特色；而南方人则偏爱自然素雅的色彩，较少使用缘边。

北方风格大袖襦

南方风格大袖襦

大袖襦裙在不同场合的搭配也是有很多花样的，如在穿着大袖襦裙的基础上，外层还会加一件缘边半臂，腰上也会围系一件带有三角形飘片［古称垂髾（shāo）］的蔽膝，腰上或胸上还会再穿一条短围裙。另外还有一种名为羽袖的配件，常绑扎在手臂上。大袖襦裙发展到隋唐时期还成了女性的盛装和舞蹈服饰。

大袖褶有长有短，短者不过肚脐，长者能到小腿。男性群体穿着大袖褶较多，常搭配裤和裲裆穿着，构成经典的大袖裤褶裲裆，发展到后期甚至成了唐代男子官服。

《洛神赋图》中的
大袖襦裙女子形象
东晋顾恺之原作，
北京故宫博物院藏

隋代武士图画像砖中着大袖裤褶裲裆的男子形象
北京故宫博物院藏

唐代大袖裤褶裲裆人俑
陕西昭陵博物馆藏

唐代大袖裤褶裲裆人俑
上海博物馆藏

南北朝大袖襦裙的穿着层次与魏晋时期襦裙的穿着层次基本相同，依旧沿袭贴身内衣、裤子、上襦、裙子的基本层次。

第一层：内衣裲裆与裤子（正面）

第一层：内衣裲裆与裤子（侧面）

第二层：大袖上襦（侧面）

第二层：大袖上襦（正面）

第三层：下裙（衣摆放入裙内）
（侧面）

第三层：下裙（衣摆放入裙内）
（正面）

 七、木兰的衣柜

　　"唧唧复唧唧，木兰当户织。"花木兰替父从军的故事相信大家都耳熟能详。那么作为一名北魏时期的女性，同时又女扮男装替父从军，她的衣柜里都会有些什么衣服呢？

　　《木兰诗》是北朝民歌，时代背景相当于北魏时期，孝文帝改易汉服，因此，花木兰的衣柜里很有可能既有汉族服饰又有鲜卑族服饰，并且木兰女扮男装替父从军，所以衣柜里还会有男装。

南北朝至唐大襟长袍服饰文物
中国农业博物馆藏

北魏时期着袍裙女俑
大同市博物馆藏

　　鲜卑族服饰部分：此时的北朝女性多会穿着两种长款上衣，一种是通裁不开衩、交领、衣襟斜到底的大襟衣物，另一种是分裁接底襕并且两侧开衩、交领、衣襟也是斜到底的衣物。这两种衣物目前学术界没有具体的定名，有可能是南北朝时期的袄类或褶类衣物。

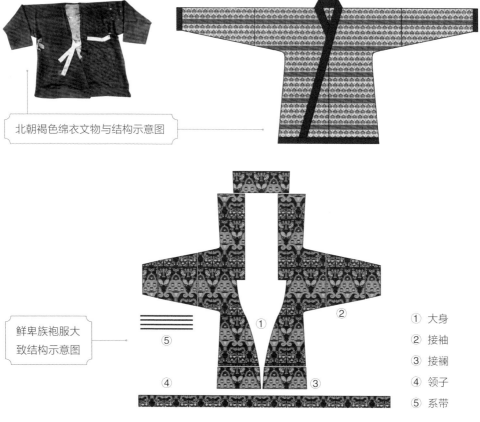

北朝褐色绵衣文物与结构示意图

鲜卑族袍服大
致结构示意图

① 大身

② 接袖

③ 接襕

④ 领子

⑤ 系带

这两种衣物都是男女同款，均可搭配裤子或裙子，女性多会搭配裙子，穿着时衣领多作右衽。为适应北朝天气，通常头上还会佩戴一项风帽。大量出土文物显示，这种衣服的应用场合很多，上至礼仪场合、下至日常活动都可以穿着。

南北朝鲜卑族
服饰复原效果图

除了上述长袍，北朝男女日常还会穿着短衣，也可搭配裙子或裤子。此类短衣多见于反映日常生活的文物中，所以可能是一种便服。前文提到的裤褶服也是这一时期的流行服饰，所以木兰日常生活或女扮男装时较多时候都会穿着短衣裤装。

受到汉族服饰影响的部分：471年孝文帝和冯太后进行了一系列的改革，在诸多方面学习汉制，服饰上也不例外，汉族的各类服饰在北魏很快流行开来。例如，山西出土的北魏司马金龙墓中漆画屏风上的形象，无论男女都和南方的汉人服饰形象一模一样。女性上身穿着宽大的上襦，外层还加了一件半袖衣；下身穿着拖地的长裙，裙摆还有缘边；在裙子外面加上了蔽膝，飘带在身后随风舞动。

可见，襦裙装作为汉服中的经典流行服饰自然也会出现在木兰的衣柜中。此外，上述说过的各种襦裙也同样流行于北朝，不知木兰在战后回家"着我旧时裳"的时候是不是正是穿着这样的襦裙装呢？

司马金龙墓漆画屏风上的北朝女性襦裙形象　山西博物院藏

半袖襦裙蔽膝服饰复原效果图

那么，在军营女扮男装的木兰穿什么呢？根据北朝各类行军图文物来看，当时男性也会穿着上述的裤褶裲裆服，作战时会穿上以金属、皮革制作的裲裆铠甲。此外还有一些长袍类的衣物，例如北朝男性会穿着通裁、开衩袍服，袖子多为窄袖，领子有圆领、交领，并且领子都比较高。穿着时内搭多配裤装，腰上系革带。

北朝套环人物纹绮袍文物
中国丝绸博物馆藏

北朝胡人对饮联珠纹锦袍文物
中国丝绸博物馆藏

 八、北朝服饰的胜利

北朝锦衣文物
中国丝绸博物馆藏

南北朝作为一个民族交融的大时代，在近两百年的历史中融合产生了诸多款式，也消亡了很多款式。随着南北朝最后一个朝代灭亡，隋朝结束了地方割据的局面，完成了大一统，具体在服饰方面，也基本结束了延续百年的混乱融合局面，开始走向统一。北朝服饰最终成为这场服饰混战中的"胜利者"。

北朝的诸多政权多是由少数民族建立的，因此其服饰多为窄小简便的风格，制作也相对简单。而汉族传统服饰的弊端在战乱动荡的几百年里逐渐暴露出来，如汉服中延续百年的深衣，属于上下分裁且不开衩的衣物，由于衣服两侧不开衩，下摆直接包裹住身体，所以腿部活动会受到很大限制。而北朝服饰中两侧开衩或后开衩的服饰在穿着时腿部能自由活动。因此，在民族融合中汉服上下分裁的制作方式日渐式微，与北朝服饰融合发展出后世一大基本款式——通裁开衩交领类袍服。通裁交领类袍服自南北朝基本特征定型后一直延续至当代。

北朝山西徐显秀墓壁画中的男性交领袍服形象

此外，来自北朝的圆领类袍服（以下简称圆领袍）也在这一场服饰的大融合中保留了下来。圆领袍大多通裁、开衩，十分方便腿部活动，并且相较于汉族传统的交领，由扣子固定的圆领的牢固性和私密性更高，因此在民族融合中也发展为后世的另外一大基本款式——圆领袍。圆领袍的基本特征自南北朝定型后一直延续至清初。

山西九原岗北朝墓葬壁画《狩猎图》中的圆领袍形象

流行千年的襦裙装也在民族融合后逐渐消亡，与其他民族服饰融合产生出新的款式。汉服中传统的上下分裁、接襕、不开衩的上襦逐渐被通裁、开衩的短衣取代。基本结构定型后也演变出后世的一大基本款式——通裁开衩短衣。此款式流传时间最久，自南北朝基本特征定型后一直延续至当代，后期穿着这一基本款式的民族日益增多。

北朝服饰的胜利并不仅仅体现在中华大地上，还影响到了朝鲜半岛和日本。北朝的诸多服饰款式在这一时期随着大量政治、文化交流传入朝鲜半岛和日本，影响了这些地区的服饰文化。

日本飞鸟时期高松冢古坟壁画中具有北朝风格的服饰

南北朝后，服饰的基本特征完成定型。此前各朝代的服饰由于资料缺失和变化较大，目前仅能分散地研究其款式的流行，但自南北朝基本款式定型后，此后各朝代的服饰开始变得系统化和可溯源化。服饰发展基本延续着已经定型的款式特征，虽然也会有其他民族服饰融入进来，但基本款式特征几乎从未发生改变，并且延续千年。

第三章

隋唐五代

隋唐五代服饰简述

　　隋朝，是继南北朝混乱局面后的第一个大一统时代，但由于统治者的残暴，隋朝只历经短短的三十七年便灭亡了。隋朝虽短，但其在政治、文化等方面的地位却是十分重要的。在服饰方面，隋朝是南北朝至唐代的一个过渡期，因此其流行的服饰在继承南北朝服饰特征的基础上为后面的唐与五代服饰奠定了基础。

　　隋朝继承了北朝流行的衣裳服饰，女性基本是上衣下裳的穿衣形式。上半身穿着各种款式的襦、衫、袄类上衣，虽然经过南北朝长时间的民族融合后，汉服里原本分裁的襦已逐渐被通裁的衫、袄取代，但在隋朝的文物中还是能看到一些穿着襦裙的女性人俑。这些人俑的下半身穿着长裙，裙子的裁剪方式和风格与南北朝时期的相差不大，依旧是流行梯形裁剪的多破裙，并且裙子多高腰或齐胸穿着。这一类高腰齐胸穿法也是未来唐代女性衣裙的主流穿法之一。

　　在男性服装上，隋朝继承并且固定了经典圆领袍服的基本款式，为唐代甚至宋、明两朝的男性流行服饰打下了基础。

隋朝女装人俑
上海博物馆藏

隋朝圆领袍文物
中国丝绸博物馆藏

隋朝着圆领袍男装人俑
哈尔滨市博物馆藏

一、窈窕的初唐女装

"唐代以丰腴为美"是大众对唐代女性形象的一个偏颇认知。初唐时期的女性装束还是以窈窕为美的，服饰风格也追求纤细修长。新疆阿斯塔那古墓群曾出土过大量唐代纺织品文物，其中有一批文物是以木和纸制成的人俑，面部以彩绘勾勒五官，穿着用华丽的丝绸制成的服饰，陪伴墓主人长眠于地下。也许当时制作这些人俑的人也不会想到，千年之后，这些人俑身上的服饰可以成为研究初唐时期女性流行服饰的重要资料。

绢衣彩绘木俑（初唐时期）
新疆维吾尔自治区博物馆藏

上图中三件人俑都是经典的上衣下裳的穿衣方式。上半身均着窄袖衫，可见此时衫、袄已经成为女性服饰的主流上衣，领型多样，有圆领、交领、U形领等。初唐时期的衫、袄还比较简朴，袖子较为窄小，装饰也相对素雅。

唐代红衣舞女壁画中着U形领衫裙的女性形象
中国国家博物馆藏

初唐时期衫袄复原平铺图

初唐时期衫袄复原效果图

　　木俑下身均着多破裙，裙子或穿于腰上或穿于胸上。根据同时期的其他文物来看，多破裙的裙腰上也会捏褶，其中两个木俑还穿着由双色布料裁制的间色多破裙。初唐时期，此类由多片缝合的间色多破裙十分流行，拼合的片数多者甚至能达到数十片以上。在长裙外还能看到有一些轻纱残片，有可能是穿于最外层的一条透明罩裙。

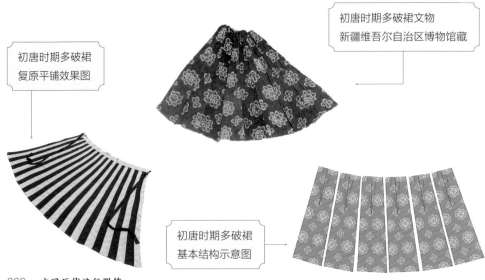

初唐时期多破裙文物
新疆维吾尔自治区博物馆藏

初唐时期多破裙
复原平铺效果图

初唐时期多破裙
基本结构示意图

三个木俑的肩上还各搭了一条丝巾，两侧圆润呈船形，名为帔子。帔子是初唐女性必不可少的一种装饰性服饰，多披于肩上，此时的帔子还较短，随着时间的推移，帔子越来越长，盛唐时期的帔子甚至会拖地。这些木俑的腰上还有一道华丽的织带，这些织带可能是用于表现裙腰部分的装饰，也可能是单独的一条装饰腰带。

唐代画作中穿着衫裙和背子、肩披帔子的女性形象
新疆维吾尔自治区博物馆藏

　　除了上述衣物，还有一个木俑的最外层有一件由华丽的对鸟联珠纹织锦制成的无袖短上衣。这种上衣名为背子，衣长较短，无袖或短袖，多为对襟，下摆无接襕。背子是初唐时期女性最流行的外层衣物，多用华丽的织锦制成，穿着时下摆放在裙外或裙内。

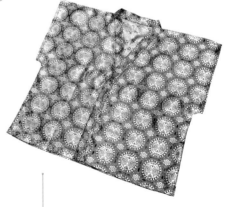

唐朝背子复原平铺效果图

法门寺地宫出土缩小版半臂文物
陕西法门寺博物馆藏

初唐时期女性全套
服饰复原效果图

 二、初唐女性穿衣层次

　　上述的绢衣木俑反映了初唐时期女性服饰"衫或袄、裙、罩衣、帔"的基本穿搭层次，但内搭衣物未知。初唐时期女性的穿衣层次基本与之前的朝代类似，穿着内衣裤后再穿着外层的上衣、裙子。初唐时期的内衣多为素色衫、袄类衣物，裤子因其可露出，所以装饰性较强。此时的裤子流行一种由竖向条纹制成的条纹裤，裤腿内收，形成灯笼裤状。如唐代著名画作《步辇图》中就绘制有当时女性穿着条纹裤的形象。在衫裙的最外层还有一类短裙，围于胸上或腰上，称为"陌腹"或"腰裙"。

衫裙外着陌腹的女俑　上海博物馆藏

初唐时期女性的基本穿衣层次如下：

第三层：衫袄

第一、二层：
内搭衫袄、裤子

第四层：背子

第五层：间色多破裙（衣摆放入裙内）

三、大唐男子的宽肩神器

现代男性崇尚健身，都想练出一副宽肩身材。其实在唐代，男性就已经有一种能够穿出宽肩效果的衣服了。这种衣服名叫半臂，顾名思义，就是一类无袖或短袖的衣物，男装半臂上下分裁接襕，襕部的两侧以及前后会有捏褶，领子多为交领，也有圆领等领型，衣长大多过臀。

唐代半臂文物
日本正仓院旧藏

与女性背子一样，半臂通常也是由华丽的织锦制成的。在目前发现的唐代半臂文物中，用硬挺的织锦制作的半臂占大多数，也有用染色工艺以及手绘工艺等制作的，但不出意外，都十分华丽。更有甚者在一件半臂上还会出现多种布料拼接的情况，此类做法的拼接结构比较统一，并不似一种节约的做法，更多可能是为了展示穿着者的物力、财力。

半臂基本结构示意图

唐代团窠宝花纹锦半臂文物
甘肃省博物馆藏

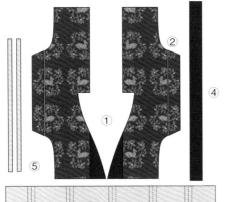

① 大身
② 接袖
③ 接襕
④ 领子
⑤ 系带

半臂一般穿于内衣之外、袍服之内，日常或运动场合也可直接外穿，还可以将袍服的领子翻开，露出里面的半臂。

唐代翻领露出里面半臂的人俑
上海博物馆藏

唐代男装半臂
复原效果图

四、唐人的衣柜里总要有件圆领袍

自先秦时起汉族传统服饰中就有了圆领类衣物，但隋唐时期的圆领袍产生于南北朝，是一种民族融合的产物。进入隋唐后，便成为男性的主流服装，并且被纳入汉族服饰体系中。其主要结构款式有两种：圆领缺胯袍和圆领襕袍。

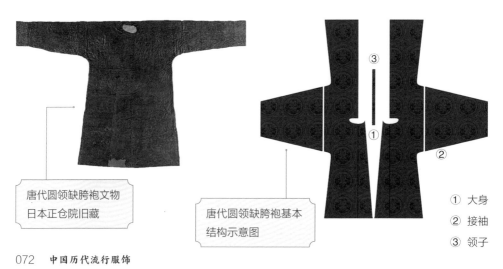

唐代圆领缺胯袍文物
日本正仓院旧藏

唐代圆领缺胯袍基本
结构示意图

① 大身
② 接袖
③ 领子

唐代圆领襕袍文物
中国丝绸博物馆藏

襕袍下摆接襕细节
中国丝绸博物馆藏

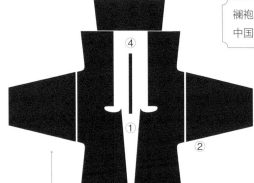

① 大身
② 接袖
③ 接襕
④ 领子

唐代圆领襕袍基本结构示意图

　　圆领缺胯袍中的"缺胯"意为开衩。整体结构为圆领右衽，通裁侧开衩，衣襟以纽扣固定，常作为男性的日常衣服。圆领袍的通裁侧开衩为典型的南北朝时期少数民族的做法，有的圆领袍还会在背后中缝处做开衩。这一做法在民族融合过程中被汉族吸收，最终成为汉族服饰基本结构中的一种。

唐代圆领袍复原效果图与侧开衩细节图

圆领襕袍整体结构为圆领右衽，分裁不开衩，在底摆处有接一道横襕，衣襟以纽扣固定，是男性较正式场合穿着的衣物。圆领襕袍是典型的汉化衣物，在汉族传统服饰的制作中，分裁不开衩是从古代流传下来的做法，在圆领袍上添加横襕也是一种表示遵循汉族古时制衣规则的做法。

唐代圆领襕袍复原效果图（正面）

唐代圆领襕袍复原效果图（背面）

唐代圆领襕袍复原效果图（侧面）

圆领袍的用料和工艺丰富，在衣料方面，财力、物力雄厚的人流行用绫、罗、锦、绮等名贵衣料来制作，工艺上除了全身染色之外还会用到夹缬、蜡缬、绞缬等，将花纹染于袍服的衣身上。普通人除了选用一些较粗糙的丝织物外还会使用麻一类的普通布料，花纹颜色也较为单一。

圆领袍在唐代不是男性的专属，女性也会穿着圆领袍。女性的圆领袍相较男性的，花纹会更加丰富，整体搭配和细节也会有所不同。

唐代不同染色工艺的圆领袍文物
日本正仓院旧藏

唐代画作中着圆领袍的女性形象
新疆维吾尔自治区博物馆藏

唐代女性圆领袍复原效果图

圆领袍在唐代的演变过程是十分明晰的，主要体现在整体廓形随着时代的发展不断变大，例如袖子逐渐变宽、衣身逐渐宽大、衣长逐渐变长。

　　初唐时期的圆领袍还较为紧窄，衣长也较短，约在小腿处。盛唐、中唐时期的圆领袍就比较宽大了，袖子也变得更宽，衣长约到脚踝处。

初唐时期圆领袍复原效果图（侧面）

初唐时期圆领袍复原效果图（背面）

初唐时期圆领袍复原效果图（正面）

盛唐、中唐时期圆领袍复原效果图（背面）

盛唐、中唐时期圆领袍复原效果图（正面）

到了晚唐五代时期，圆领袍整体更加宽松，袖子变成了宽大的阔袖，衣长甚至到了拖地的程度。

晚唐五代时期圆领袍形象

 五、被边缘化的交领袍

交领右衽类型的袍服一直是我国汉族服饰的主流款式之一，但到了唐代，圆领类袍服的流行却压过了交领类袍服。不是说交领类袍服不存在或不流行了，在不少唐代壁画或画作上仍能看到交领类袍服，只是其流行程度较圆领类袍服低。

《野宴图》壁画中的袍服形象
陕西历史博物馆藏

《调琴啜茗图》中女性交领袍服形象
唐周昉，美国纳尔逊·艾金斯艺术博物馆藏

唐代慕容智墓中出土的交领袍服是目前唐代交领袍服的唯一实物文物。衣长约到小腿附近，是作为墓主人的内搭衣物穿着的。但其基本结构与画作中所绘的形象以及后世的交领类袍服文物的结构基本相同，因此可以作为唐代交领类袍服结构的一大参考。

唐代交领袍服大多呈窄袖，通裁，两侧开衩，交领右衽，衣襟通过纽扣固定，无论男女均可穿着。穿着时上衣内穿衫袄，下装一般多搭配裤子。

慕容智墓出土的交领袍服结构示意图

唐代交领袍复原效果图（背面）

唐代交领袍复原效果图（侧面）

唐代交领袍复原效果图（正面）

交领袍服在唐代虽被边缘化了，但到了晚唐时期交领袍再一次成为主流。这时交领袍的变化与圆领袍一样，整体廓形变得更加宽大，为宋代流行的宽大阔袖交领长袍奠定了基础。

《文苑图》中的男性服饰形象　五代周文矩，北京故宫博物院藏

六、唐代男性袍服穿搭层次

唐代男性虽多穿一体式的袍服，但其内搭衣物的层次还是比较重要的。在内搭方面，上半身的贴身衣物一般多穿衫袄类，例如圆领衫袄、交领衫袄等。下半身的贴身衣物为合裆短裤，在合裆短裤外还会穿一条长裤，一般为开裆式长裤。男性裤子多为素色，但也有用华丽布料制作的。

唐代裤子文物
日本正仓院旧藏

唐代内穿交领衫袄的人俑
上海博物馆藏

上半身的中层衣物就是半
臂，主要起到撑起廓形的作用，
半臂的面料多用硬挺的织锦就是
这个原因。此外，还有一种名为
长袖的分裁不开衩的窄袖圆领衣
物，也可穿于中层。

最外层就是袍类衣物，穿好
后多用革带束腰。就此还原出了
唐代男性袍服的基本穿着层次。

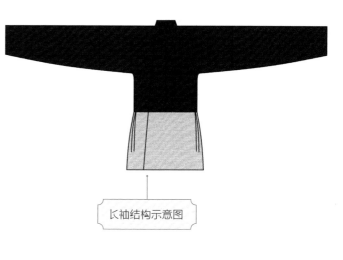

长袖结构示意图

第三层：半臂（背面）

第三层：半臂（正面）

第一、二层：贴身衫袄、裤子

第四层：圆领袍，腰带束腰

七、贵妃的衣橱

　　盛唐时期的杨玉环相信大家最熟悉不过了，关于她的影视剧作品也有很多。但是真正还原出杨贵妃当时所穿服饰的作品却很少，那么来自盛唐的杨贵妃在历史中到底都会穿哪些服饰呢？

　　盛唐时期女性虽然沿袭了初唐时期确立的上衣下裳的穿衣方式，但此时女性服装的流行趋势和审美喜好已经发生了很大变化。盛唐时期，百姓安居乐业，物质生活丰富，所以女性的审美由初唐的窈窕美转变为丰腴美，服装上相较初唐也变得更加宽松。

西安唐贞顺皇后石椁线刻画中唐代贵族女性服饰形象陕西历史博物馆藏

《捣练图》中女性服饰形象
唐张萱，美国波士顿美术博
物馆藏

　　这一时期的女性上半身穿着衫袄，但此时衫袄的廓形已经变得宽大多了，袖子
从初唐时期的窄袖变成了宽松的直袖，衣领多为对襟，穿着时衣服下摆多放入裙内。
在衫袄的纹样方面，此时的衫袄多由染缬工艺制成，用夹缬、蜡缬、手绘等工艺在
衫袄上染出华丽的图案。

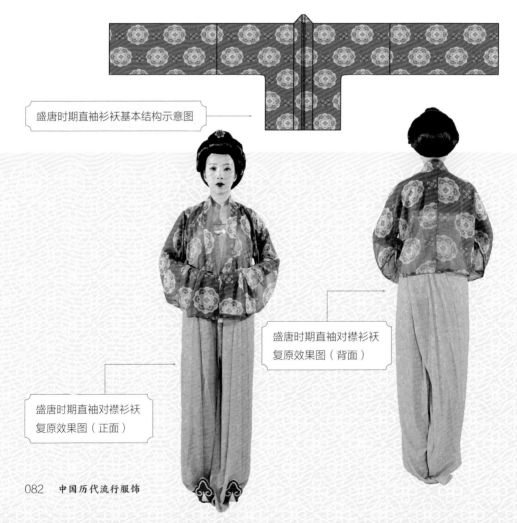

盛唐时期直袖衫袄基本结构示意图

盛唐时期直袖对襟衫袄
复原效果图（背面）

盛唐时期直袖对襟衫袄
复原效果图（正面）

下裙也从初唐时期流行的间色多破裙转变为整体色调统一的裙子，除了多破裙外还会制作一种由全幅面料拼接成长块且在裙腰部捏褶的裙子，当代简称为褶裙。盛唐时期，裙子通常会穿于胸上，长度通常拖地，裙子与衫袄一样也会染上华丽的图案。

盛唐时期女性褶裙示意图

初唐时期穿于最外层的背子、半臂也发生了变化，盛唐时期的背子、半臂不再像初唐时期流行用硬挺的锦缎做成，而是多用柔软的布料，穿着的时候衣摆也放入裙内。

帔子也发生了巨大变化，之前流行的帔子较短，而此时的帔子长度能达到拖地的程度，佩戴方式也变得多种多样。

盛唐时期女性完整穿搭复原效果图

唐代半袖衫裙复原效果图

盛唐时期的女性在寒冷的时候，还会在穿着衫裙的基础上，外层再披一件长款衣物，名为披袄。这类衣物的袖子一般不会过长，多为短袖，穿着时披在身后，领子作翻领穿着。令人疑惑的是，从当时的文物上看这类衣物几乎都是披在身上的，两袖自然地垂在身侧，不是穿在身上的，可能是当时的一种流行穿法。

不知大家有没有发现，在现代我们看到的无论是影视剧作品还是艺术作品例如绘画、雕塑，其中杨贵妃的形象大都是内穿抹胸长裙、外罩大袖纱衫。其实，这种形象与杨贵妃的时代相差了一百多年，是晚唐五代时期的女性服饰风格，并且来源都是一幅被误传的画作《簪花仕女图》。为何会这样呢？我们留个悬念，在讲解五代时期服饰时再为大家揭晓。

唐代披袄文物
中国丝绸博物馆藏

着披袄的唐代仕女俑
中国国家博物馆藏

八、盛唐女性穿衣层次

盛唐时期女性穿衣依旧沿袭了初唐时期的衣、裤、裙、帔的思路，在此基础上还会加入诸如披袄一类最外层的罩衣。就此复原出了盛唐时期女性穿衣层次。

第一至三层：内搭衫袄、裤子、背子或半臂

第四层：衬裙

第五层：外裙

第六层：外搭披帛

九、来自南北朝的你，大袖襦裙

　　南北朝灭亡后，当时流行的大袖襦裙款式并未马上消失，而是逐步转变为隋唐女性的盛装以及舞蹈服。隋朝的大袖襦裙基本沿袭了南北朝的穿搭方式，其整体风格也保存了衣领大开、裙长拖地的南北朝韵味。

　　进入唐代，大袖襦裙便开始从流行走向没落，逐步变成女性不常穿着的盛装或舞蹈服。盛装化后的大袖襦裙仅能从袖子的特征中看到南北朝时期的影子。在南北朝的穿搭基础上，唐代盛装的大袖襦裙还增添了许多配件。

唐代着大袖襦裙的人俑
湖南博物院藏

隋朝着大袖襦裙的人俑
武汉博物馆藏

　　女性盛装的上半身在穿着大袖襦的基础上还穿着一件半袖状的衣服，两袖向上翘起，领子呈 U 形，可能为背子类的衣物。下裙部分的装饰是继承自南北朝的蔽膝，但相较南北朝，此时蔽膝的尺寸变得更小了，南北朝时期的蔽膝甚至能够拖于身后，随风舞动。

唐代女性盛装大袖襦裙形象
美国大都会博物馆藏

敦煌壁画中女性盛装大袖襦裙形象

在盛唐以前还是能经常看到盛装大袖襦裙的影子，自安史之乱后，这种盛装大袖襦裙便开始走向消亡，世上难觅其踪，但这种盛装化的大袖襦裙成了后世女性神仙服饰形象的一大重要来源。

《送子天王图》中的大袖襦裙形象
唐吴道子，日本大阪市立美术馆藏

 十、王朝衰退下的女性服装

唐代自安史之乱后便开始由盛转衰，反映在服饰上主要表现为服装整体变得越来越宽大、奢侈，奇装异服层出不穷。这一点在女性服饰上表现得尤为明显，并且时间越往后越宽大。

中唐时期的女性服饰保留了大量的盛唐时期服饰风格特点，女性依然流行穿齐胸衫裙，但服装整体开始变得更加宽大起来，但相较中唐后期开始剧变的服饰，中唐服饰尚未宽大到夸张的地步。

唐代绢画《佛陀诞生图》中的中唐时期女性服饰风格
英国大英博物馆藏

中唐时期女性齐胸衫裙
复原效果图

随着时间的推移，唐王朝逐渐衰落，女性服饰的流行趋势开始越发怪异。法门寺地宫出土的一批中晚唐时期的女性服饰就为我们揭示了这一时期流行的夸张的服饰风格。这些服饰可以说是极尽奢华，衣、裙、裤大部分使用了泥银工艺，即用银制成的颜料绘于衣服上，裙子的裙腰部分用的是织金锦工艺，即用金捻成的线织造。

法门寺的这批女性服饰文物也遵循了之前的衣、裙、裤的规律。上衣有两件，一长一短，短衫的款式较为怪异，为对襟阔袖，衣长较短，袖口接近 50 厘米，胸围竟为 2 米。此类衣服的形象在同期的其他文物中也能找到，这也印证了这种怪异的衣服并不是个例，而是当时的流行款式，多穿在裙子外面。

法门寺出土的中晚唐时期阔袖上衣结构示意图

唐代赵逸公墓壁画中晚唐时期阔袖衫裙服饰形象
河南洛阳古代艺术博物馆藏

法门寺地宫出土的对襟阔袖衫复原效果图

另外一件衣服是一件长袍，对襟直袖，两侧开衩，穿着时套于裙子外面，基本结构有点类似后世宋代的褙子。这种穿着对襟长袍的形象在晚唐至五代时期的文物中都可以看到。

法门寺地宫出土的对襟长袍基本结构示意图

五代冯晖墓砖雕中女性外着对襟长袍形象

法门寺地宫出土的对襟长袍复原效果图（正面）

法门寺地宫出土的对襟长袍复原效果图（背面）

裙子也有两条，基本结构也遵循了前期的两种制作方式，一条为由6片布料拼接且在裙腰处捏褶的褶裙，另一条为由多条梯形布料拼接后又在腰部捏褶的多破裙。两条裙子的裙腰都由华丽的织金锦制成，裙长都比较长，在对比同期文物后推测应该也是穿于胸上的裙子。

　　裤子也有两条，均是开裆裤，裤腿较宽，在腰部有捏褶，裤子的裤裆较深，裤长也比较长，如果穿着于腰部裤腿会影响活动，因此也可能是齐胸穿着的裤子。

法门寺地宫出土的捏褶裙子结构推测图

法门寺地宫出土的裤子结构示意图

法门寺地宫出土的裤子
复原效果图

中唐时期的服饰层次与盛唐时期类似，不过在外衣的穿着层次上会有差别。法门寺地宫出土的这几件服饰的复原穿着效果如下。

第一层：裤子或裙子

第二层：短衫

第三层：短衫或长袍

第四层：披帛

晚唐时期，时局动荡，服饰可以说
是奢华到了极点。衣服再一次变得宽大，
袖宽甚至能达拖地的程度，服装花纹也
越发艳丽明亮，似乎在为即将覆灭的大
唐王朝添上最后一抹色彩。

唐代绢画《引路菩萨图》中晚
唐时期女性大袖衫裙服饰形象
英国大英博物馆藏

十一、时代错位的五代服饰

五代十国，是继隋唐三百多年大一统之后的又一次分裂时期，因为夹在强大的唐代和繁盛的宋代之间，所以常常被忽略。五代时期的服饰也是如此，甚至还产生了流行服饰时代错位的现象。

说起五代服饰，就不得不提到著名的《韩熙载夜宴图》，这幅画作创作于五代，但原作遗失，目前主要留存有三个版本：台北故宫博物院藏北宋摹本、北京故宫博物院藏南宋摹本、重庆中国三峡博物馆藏明代唐寅摹本。其中北京故宫博物院的南宋摹本是当代研究五代服饰的重要图像资料，但是此版本上的服饰和五代服饰只能说是毫不相干。

实际上无论是哪个摹本，其上所绘制的服饰都会受到所处时代服饰的影响，就像北宋摹本里所绘制的服饰几乎都是北宋服饰的风格。南宋摹本里的服饰是南宋的服饰风格，明代摹本则是明代仕女风格的服饰。

《韩熙载夜宴图》中人物服饰形象　北宋摹本，顾闳中原作，台北故宫博物院藏

《韩熙载夜宴图》中人物服饰形象　南宋摹本，顾闳中原作，北京故宫博物院藏

《韩熙载夜宴图》中人物服饰形象　明代唐寅摹本，顾闳中原作，重庆中国三峡博物馆藏

那么五代时期真正流行的服饰到底是什么样的呢？五代时期，女性沿袭了晚唐时期流行的服饰风格，内穿齐胸长裙，外披一件披衫袄，其中外披大袖披衫袄的形象最为有名。

五代供养人中大袖衫裙服饰形象
法国吉美博物馆藏

这种形象是不是很眼熟？没错，这种形象正是《簪花仕女图》中所绘的女性服饰。但《簪花仕女图》不是盛唐时期周昉的作品吗，怎么画中的服饰会是五代的服饰风格呢？实际上，《簪花仕女图》是盛唐周昉作品的说法为误传，其中的服饰风格的确是五代时期的服饰风格，而周昉绘制的其他反映盛唐、中唐时期女性的作品中的服饰形象是如《内人双陆图》中这样的。

《簪花仕女图》中人物服饰形象
传为唐周昉绘，辽宁省博物馆藏

《内人双陆图》中人物服饰形象
唐周昉，美国弗利尔美术馆藏

绘制了五代女性服饰的《簪花仕女图》被当成了盛唐时期服饰，而绘制了宋代服饰风格的《韩熙载夜宴图》又被当成了五代服饰，可以说是一个极大的时代错位了。

有趣的是，据沈从文先生考证《簪花仕女图》中女性簪花的习俗很有可能是宋代习俗，也就是说此画的真正创作时间很有可能是宋代，是宋代人绘制的五代的题材，而这幅《簪花仕女图》却经常被用来作为盛唐时期女性服饰的形象参考。

《簪花仕女图》中五代女性服饰复原效果图

那么五代男性服饰又是什么样的呢？此时的男性依旧流行圆领袍服，但这一时期的圆领袍服相较唐代变得更加宽大。除此以外，交领长袍也再次在男性服饰中流行，同样，其廓形也变得十分宽松。

榆林窟中五代壁画的男装形象

五代王处直墓壁画中男装服饰形象

第 四 章

宋代

宋代居然有这么多种裤子

宋代男性穿衣层次

女性衫袄的天下

轻解罗裳

大衫霞帔

男性衫袄

不是被子是褙子

宋代的圆领袍

宋代深衣的回归

宋代女性穿衣层次

宋代服饰简述

　　宋代是中国历史上一个繁荣的朝代。得益于宋代距今的时间较近，因此保存下来的宋代服饰文物比较丰富，并且宋代是中华文化发展的一大高峰，再加上许多作品被后世人妥善地收藏保管，因此留存下来的可以反映时代面貌的画作也非常多。

《清明上河图》中百姓服饰形象
宋张择端，北京故宫博物院藏

　　宋代服饰继承自五代，无论男女基本以衫裙为主，男性除了衫裙还会穿袍服。宋代的服饰风格多偏清雅，裁剪结构也较为简单，相较前面的唐五代和后面的明代，宋代服饰可以说是其中的一股"清流"。宋代服饰的文物较前朝丰富了很多，并且保存情况较好，基本涵盖了宋代男女服饰的流行款式。

宋代也是一个巨变的时代。首先，宋代的阶层变化明显，贵族阶层没落，普通平民阶层兴起，商品经济繁荣，纺织业发展迅速。这也就意味着宋代的服饰文化不仅存在于贵族之间，而且是一场全国性的大繁荣。

《招凉仕女图》中的女性服饰形象
宋钱选，台北故宫博物院藏

《清明上河图》中平民阶层服饰形象
宋张择端，北京故宫博物院藏

其次，宋代的生活方式也产生了巨变。最大的一个变化是经过了唐代和五代生活习惯的变迁，宋代人基本告别了"席居"的生活方式，转向以桌椅为主的生活方式。服饰上的一大变化是人们衣裙拖地的特征基本消失，衣裙长度改为长及脚面而不直接接触地面，拖地特征仅在一些特定礼服中有所保留。

 一、女性衫袄的天下

在宋代女性的衣柜里，衫袄占极大的比重。宋代女性多流行对襟类衫袄，衣长有长有短，袖子有宽有窄。提到宋代女性流行服饰的出土文物，基本绕不开五大宋代墓葬：安徽南陵铁拐宋墓、南京花山南宋墓、福建南宋黄昇墓、福建南宋茶园山墓和江西德安周氏墓。这几个墓葬都出土了众多女性服饰，涵盖了从内到外、从日常便服到特定礼服的所有款式。可以说，除了后妃类的服饰，整个宋代女性的流行服饰基本都在这些墓葬里面。

衫和袄的基本结构差距不大，仅在衣服层数上有所区别，衫为单层衣物，袄为双层或双层以上的衣物，因此衫多为春夏衣物，袄多为秋冬衣物。

南宋风格对襟衫复原效果图（侧面）

南宋风格对襟衫复原效果图（背面）

南宋风格对襟衫复原效果图（正面）

南宋风格对襟袄复原效果图（正面）

南宋风格对襟袄复原效果图（背面）

对襟短衫袄，是宋代女性日常着装。其基本结构十分简单，通裁开衩，直领对襟，无其他复杂结构。

南宋紫褐色罗印金彩绘花边单衣文物
中国丝绸博物馆藏

对襟衫袄基本结构图

北宋时期的对襟短衫袄与南宋时期的差异较大，整体较宽松，袖子为由宽到窄上收的窄袖，花纹较素雅，并无过多装饰。北宋的铁拐宋墓中出土的短衫文物就是典型的北宋风格。

北宋对襟短衫文物
安徽南陵铁拐宋墓出土

北宋女性衫裙全
套复原效果图
（侧面）

北宋女性衫裙全
套复原效果图
（正面）

　　到了南宋，女性对襟衫袄的廓形开始收窄，但袖口开始变宽，装饰也变得华丽
起来。衣身用纱罗制作，在领子处还会缝缀以刺绣、手绘、销金（一种先用胶在布
料上绘制、再贴上金箔的工艺）等制成的装饰，为了彰显财力，还会在衣服的袖口、
下摆、开衩（这三处可合称为缘边）甚至拼缝处都缝缀上装饰。

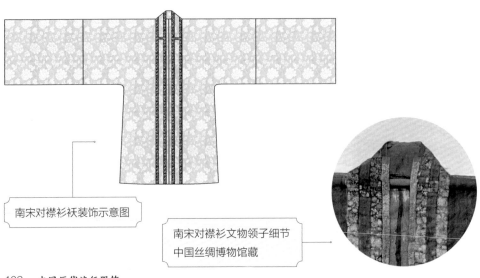

南宋对襟衫袄装饰示意图

南宋对襟衫文物领子细节
中国丝绸博物馆藏

宋代对襟衫袄大部分都为外穿，也有在穿着时将衣摆放入裙内的穿法。

南宋女性对襟短衫裙全套复原效果图（正面）

南宋女性对襟短衫裙全套复原效果图（侧面）

南宋女性对襟短衫裙全套复原效果图（背面）

宋代还有一种长衫袄，按照穿衣习惯，若衣长超过膝盖基本可以视作长衫袄。宋代女性流行的长衫袄的基本结构与短衫袄相差不大，只是衣长更长。

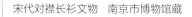

宋代对襟长衫文物　南京市博物馆藏

宋代画作中着长衫袄的女性形象

北宋时期流行的长衫袄整体廓形宽松，袖宽也较宽，而到了南宋，整体廓形缩窄，袖子多窄袖或直袖。装饰风格也与短衫袄一样。南宋时期的对襟长衫还有一种衣服周身整体收窄的情况，袖宽缩窄至紧贴手臂，同时衣服的尺寸也有所缩窄，这样的长衫袄上身之后显得人身材十分修长。

北宋风格宽袖长衫袄复原效果图（侧面）

北宋风格宽袖长衫袄复原效果图（正面）

南宋风格对襟长衫袄复原效果图（正面）

南宋风格对襟长衫袄复原效果图（侧面）

值得注意的是，缘边的装饰在传统服饰中也是决定款式的一大因素，长衫袄若在领子、袖口、衣摆、开衩处全添加了装饰，可称为褙子，这一点在后面章节中会有介绍。

《瑶台步月图》中着长衫袄的宋代女性形象
宋刘宗古，北京故宫博物院藏

长衫袄与褙子基本结构的对比示意图

此外，宋代还有一类半袖的长衫袄，基本结构是一样的，只是袖子为短袖，且袖口较宽，常与长袖衫袄搭配，穿着于最外层。

宋代半袖长衫复原效果图（正面）

宋代半袖长衫复原效果图（侧面）

值得一提的是，宋代女性似乎是"抛弃"了交领衫袄，在整个宋代都难觅交领衫袄的影子，女性几乎是清一色的对襟衫袄。

虽说宋代时期交领衫袄处于边缘地位，但宋代有一类穿法是将对襟衫袄的两襟相交穿着，呈交领状。这一穿法直接影响了元代与明代，由此还诞生出了一些将对襟衫袄做交领状穿着的衍生款式。

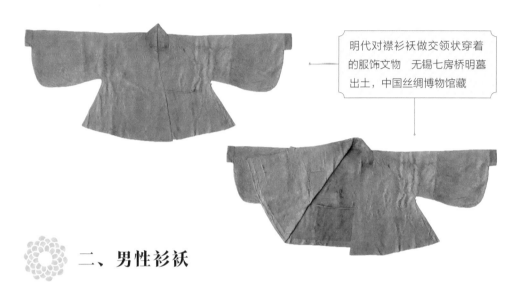

明代对襟衫袄做交领状穿着的服饰文物　无锡七房桥明墓出土，中国丝绸博物馆藏

二、男性衫袄

宋代男性的主流服饰也是衫袄，与女性多流行对襟衫袄不同，男性流行的是交领衫袄。在宋代，男性的对襟衫袄多作为内搭穿着，主要用于打底和保暖。

宋代的交领衫袄为继承五代的衫袄而来。从北宋著名的画作《清明上河图》中就能看到其流行程度，画中的平民百姓多穿交领短衫袄，而富裕人家或官员则多穿交领长衫袄。

对襟双蝶串枝纹绫衫文物　赵伯澐墓出土，台州市黄岩博物馆藏

宋代着交领长衫袄的男性人俑哈尔滨市博物馆藏

交领长衫袄与交领短衫袄在结构上并无太大差异，通裁两侧开衩，交领右衽，袖子有大袖有窄袖。目前出土的文物中，士大夫阶层的男性交领长衫占绝大多数。这些交领长衫的结构款式都一样，袖子均为宽大的直袖或外阔的袖子。

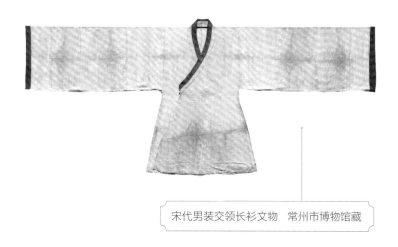

宋代男装交领长衫文物　常州市博物馆藏

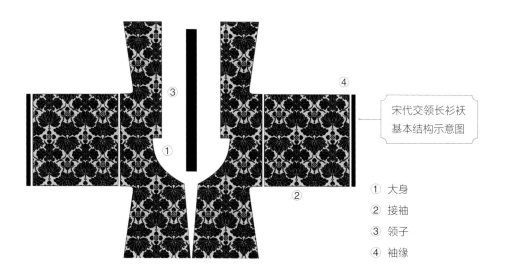

宋代交领长衫袄
基本结构示意图

① 大身
② 接袖
③ 领子
④ 袖缘

　　男性衫袄可单独穿着也可搭配穿着，单独穿着时下装可搭配裤子或裙子。平民百姓多穿窄袖的交领短衫袄和裤子，在衫袄外会以布带束腰。较富裕的阶层会选择交领长衫，下配裙子或裤子穿着。

宋代男性交领长衫袄
复原效果图（正面）

宋代男性交领长衫袄
复原效果图（背面）

此外，交领长衫袄还可以搭配其他上衣穿着，例如男性会在外层穿一件外罩衣，比如褙子或大氅，还可作为圆领袍服的内搭。这几种款式后文会分别介绍。

与女性衫袄一样，男性衫袄也有半袖款式，在众多画作中都可看到一种袖子仅到手肘处的交领衫袄，穿于长袖的交领衫袄外。

《文会图》中男性着半袖交领长衫形象 宋赵佶等，台北故宫博物院藏

三、不是被子是褙子

褙子也写作背子，由唐代女性的背子
发展而来，是宋代女性普遍穿着的常服和
礼服之一。不同阶层的女性适用的场合不
同，褙子多作为平民女性的礼服，而贵族
等女性则多作为常服。基本结构与对襟长
衫袄相同，通裁开衩对襟，窄袖或直袖，
也有阔袖。但值得注意的是，褙子作为女
性的常服或礼服，是有严格规定的。

《歌乐图》中身穿褙子的女性形象
宋佚名，上海博物馆藏

褙子作为女性的常服和礼服，首先要满足的是长度的基本要求，根据文献来看，
当时的褙子衣长要求可能在脚踝附近甚至及地。另外一个则是褙子可能还会有装饰
的要求，如全缘边的装饰。但现今基本上满足上述两点中的一点即可称为褙子。

在穿着方面，褙子不同于衫袄，是不可单穿于裙外的。作为礼服，一定要穿着
内搭衫袄裙后，才能穿着褙子。

宋代黄褐色罗印金填彩花边褙子文物
福建博物院藏

宋代着褙子的女性人俑
哈尔滨市博物馆藏

女性衫裙、褙子复
原示意图（正面）

女性衫裙、褙子复
原示意图（侧面）

　　女性褙子的流行时间很长，自唐代的背子开始，衣长和袖长逐渐变长，进入宋代后基本定型为两侧开衩的对襟长衣；到了元明两代，褙子在宋代的基础上发展出了新的款式，即四褛袄子与缘襈袄子；进入明代后还变成了女性礼服的内搭。

　　褙子除了女性会穿着外，男性也有褙子。男性褙子与女性褙子差别较大，甚至可以说是同名但不同衣。首先是结构上，男性褙子虽然也是对襟，但双襟呈斜向下且交叉相叠，构成斜领交裾的形状。袖子呈大阔袖或大直袖，通袖较长。通裁开衩，腋下和胸口缝缀系带，整体廓形非常宽大。

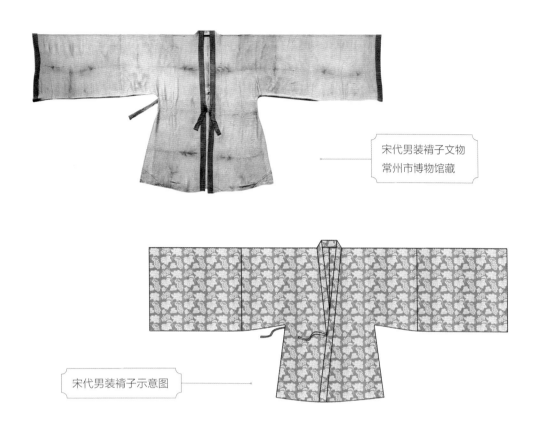

宋代男装褙子文物
常州市博物馆藏

宋代男装褙子示意图

男性褙子在装饰方面
也与女性的不同，多追求
素雅。从目前发现的文物
看，多以素纱制成，无过
多花纹装饰，在领口、袖
口处缝缀有一道异色窄缘。

在穿着上，男性褙子
也与女性褙子不同，男性
褙子虽也是穿于衫裙外面，
但相较女性作为常服或礼
服穿着，男性褙子只能用
作日常便服穿着，或用于
男性官员的内搭衣物，不
可外穿于正式场合。

《朱贯像》（左图）和《睢阳五老图》中《毕世长像》（右图）
中的褙子　美国大都会艺术博物馆和美国耶鲁大学博物馆藏

男性衫裙、褙子复原
效果图（正面）

男性衫裙、褙子复原
效果图（背面）

此外，还有一种与男性褙子比较接近的款式，称为大氅。其基本特点是对襟大袖，或通裁或分裁，袖口、领襟、下摆、开衩处都镶以缘边，多见于宋代文人的服饰，在宋代同期的金代也有实物文物发现。山西阎德源墓出土的大氅文物的基本结构为对襟大袖，下摆接横襕，横襕有捏褶，全身都缝缀有缘边。墓主人为金代的一位道士，其服饰与宋代男性的服饰结构相差不大，只是装饰上偏宗教风格。

《听琴图》中的男性大氅形象
宋赵佶，北京故宫博物院藏

金代（南宋时期）大氅文物
山西阎德源墓出土

四、轻解罗裳

"轻解罗裳，独上兰舟。"李清照的这句词，大家耳熟能详，但是你有没有想过，这解开的罗裳是什么，长什么样呢？下面我们一起了解一下宋代的裳。

"裳"为裙子的古称，"罗裳"就是用罗制作成的裙子。宋代裙装可以说是中国所有朝代里最丰富的。首先是褶裙（也称褶裥裙），以多幅布料拼接成一大块长布料，并且在腰部捏褶。宋代有一种中间捏褶、两侧各留一个不捏褶的光面的裙子最为流行，当代多称"百迭裙"。百迭裙的褶子既有顺一个方向的顺褶，又有打褶相对、呈"工"字的合抱褶。

> 南宋褐色罗印花褶裥裙文物
> 福建南宋黄昇墓出土，福建博物院藏

女性流行的百迭裙款式也较为多样。有一种当代称为仅合围的百迭裙，裙子腰围较小，无法合围遮盖住整个下半身，需穿于其他裙子或裤子之外，是一条用于装饰的罩裙。此外，还有一种裙子后片长于前片的拖尾式百迭裙，穿着时搭配拖尾的大袖衫，作为女性常服或礼服穿着。

> 拖尾式百迭裙复原效果图（正面、背面）

> 女性普通百迭裙复原效果图（正面、背面）

值得一提的是，在宋代，百迭裙并非女性专属，也是男性最常穿着的裙子。虽结构一样，但男女在裙子的审美和捏褶方式上略有不同。女性的百迭裙褶子偏细窄、密集，男性则更宽大、稀疏。

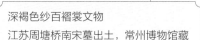

深褐色纱百褶裳文物
江苏周塘桥南宋墓出土，常州博物馆藏

男装百迭裙复原
效果图（正面）

男装百迭裙复原
效果图（侧面）

合抱褶裙也是当时女性流行的裙装，在当代，人们把这种在裙身上捏出相对的合抱褶的裙子称为"N 裥裙（N 指合抱褶数）"，江西德安周氏墓中就有这类裙子。裙身由多块全幅布料拼接，裙腰处捏有三个相对的合抱褶，褶子缝合一定长度后往下自然散开，穿着效果有些类似今天的鱼尾裙。

如意云纹褶裥裙文物
江西德安周氏墓出土

除了上述有褶的裙子，宋代还有一种无褶的裙子。裙身由一片拼合的布料制成，无任何褶子，当代称单片裙，穿于裙子或裤子外部，作为罩裙。

单片裙复原效果图
（正面）

单片裙复原效果图（侧面）

最后是旋裙，旋裙在当代也被称为两片裙，顾名思义是由两片布料制成的裙子。具体做法是将两个完整裙片部分交叠缝合在一起，无褶或仅收一道缝死的小褶。这种裙子是开衩的，据文献记载，这种设计是为了方便当时的女子骑驴。

两片裙文物
江西德安周氏墓出土

由于此类裙子有开衩的结构，所以不能单穿，穿着时需要穿于裤子外面，或作为其他裙子的衬裙。

旋裙的发明使汉族服饰裙装第一次有了两片裙片的结构，发展到后期则出现了在两片裙上捏褶的制作方式，这也为后世马面裙的产生埋下了伏笔。

两片裙复原效果图（侧面）

两片裙复原效果图（背面）

 五、宋代居然有这么多种裤子

宋代是我国古代裤装最流行的朝代之一。由于生活习惯的改变，裤子在宋代服饰中的地位被提高了不少。宋代裤子基本上可分为三大类：贴身穿着的内裤、正式穿于外层的裤，以及穿于最外层用作装饰的裤。

宋代的内裤是合裆的，贴身穿着，并且多为短裤，古称裈。内裤款式主要有两种，一种是只遮住一半腿部的称为犊鼻裈的内短裤，另外一种是包裹住双腿的内长裤。

《蚕织图》中宋代女性裤装形象元代程棨摹本，宋楼璹原作，美国史密森国家亚洲艺术博物馆藏

正式穿于外层的裤子多为开裆裤，穿着时套在裈的外面。虽是开裆裤，但其裤腰十分宽大，穿着时裤腰互相交叠，再加上穿有内裤，所以不会存在走光的情况。

宋代合裆内长裤复原效果图

宋代开裆裤文物　台州市黄岩博物馆藏

外层的裤子是实用类裤子，所以会有许多实用性设计。寒冷季节穿着的外裤会做成夹层的，内絮丝绵以保暖。有的还会在裤腿处加上一个带襻，穿着时将带襻踩在脚下防止裤子在运动时移位，类似今日的连裤袜。

外层开裆裤复原效果图

宋代在裤子的最外层还会穿一条装饰性裤子，称为裆，为女性裤装。这种裤子合裆，但是裤腿并不缝合，而是自然散开，行动时随着步伐，两条裤腿自由翻飞舞动。

黄褐色花罗侧开衩合裆裤文物
福建南宋黄昇墓出土，福建博物院藏

外层侧开衩合裆裤
复原效果图

 六、大衫霞帔

众所周知，在中国传统女性服装里，凤冠霞帔是女性的礼服。但是鲜有人知凤冠霞帔的来源与真正形态。实际上凤冠霞帔仅仅是两个配饰的名称，凤冠指带有凤凰的冠，霞帔则为两条华丽的带子。既然凤冠霞帔是配饰，那么就会有与之搭配的衣服，本节所介绍的大衫霞帔便是其中一种。

《宋宣祖后坐像》中的大衫霞帔形象
宋佚名，台北故宫博物院藏

大衫，在宋代称为大袖、大衣，当代多称大袖衫，是晚唐五代大袖披衫的礼服化发展。基本款式特征为长衣、对襟大袖。大袖衫是宋代女性的主要礼服，有三种基本形态。

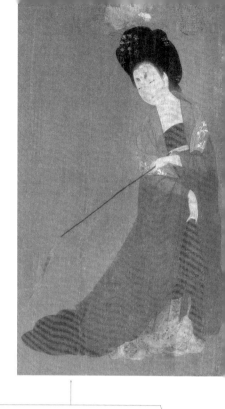

大袖衫的第一种形态称为三角兜式，也是最常见的形态，为对襟大袖、通裁、两侧开衩，在背后的下摆处会缝缀一个三角形的兜片，三角兜片的两侧不缝死，用于放置霞帔尾端。

素罗大袖衫文物背部三角兜片细节
江西德安周氏墓出土，江西德安县
博物馆藏

大袖衫基本结构示意图

① 大身

② 接袖

③ 领子

④ 三角霞帔兜

第二种形态称为前短后长式或拖尾式，此大衫的基本形态与第一种类似，但背后下摆处没有三角兜片，而是后片长度长于前片，穿着时后片下摆会形成拖尾效果。

第三种出现得比较少，称为分裁式，基本形态为分裁接襕，襕上还有捏褶，两侧开衩。

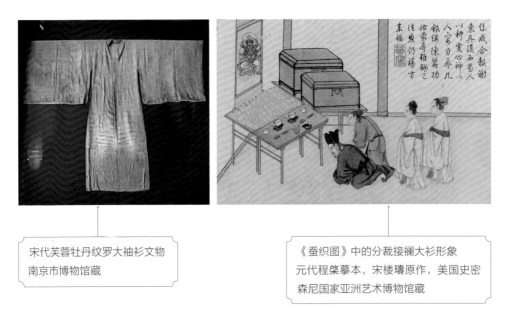

宋代芙蓉牡丹纹罗大袖衫文物
南京市博物馆藏

《蚕织图》中的分裁接襕大衫形象
元代程棨摹本，宋楼璹原作，美国史密森尼国家亚洲艺术博物馆藏

与大袖衫搭配的是霞帔，霞帔是宋代命妇专用服饰，由唐代的帔子发展而来，平民不得使用。霞帔由左右两块布条组成，相较以前的帔子，霞帔更窄，上面还会装饰有华丽的花纹。穿戴时两侧搭于肩上，头尾自然下垂，头部还会有一块霞帔坠子。

霞帔基本结构示意图

宋代除霞帔之外还有横帔、直帔，也是由唐代的帔子演变而来的。横帔保留了唐代帔子的基本结构，是一块比较宽的长布条，穿戴方式为将中段绕于肩后、末端搭于手上。而直帔则与霞帔类似，佩戴在肩部，但不似霞帔华丽。两种帔类平民皆可使用。

宋代帔穿戴复原效果图
（正面）

宋代帔穿戴复原效果图
（背面）

这三种大袖衫与两种霞帔的穿搭并没有固定搭配，可自由组合穿戴。大袖衫和霞帔的穿衣层次为最外层，穿于衫袄裙之外。前短后长的拖尾式大袖衫还会搭配前短后长的裙子穿着。

大衫、霞帔全套穿着效果图（正面）

大衫、霞帔全套穿着效果图（侧面）

 七、宋代女性穿衣层次

宋代女性贴身内衣多穿抹胸，抹胸大多由一块长方形的布料制成，胸前部分会有捏褶以贴合胸部曲线，两侧缝缀系带，穿着时在身上围绕即可。还有一种抹胸形态类似后世的肚兜，仅有身前部分，也用系带穿着固定。穿好抹胸后，外层再穿衫袄类服装。

褐色绢抹胸 福建南宋黄昇墓出土，福建博物院藏

菱形朵花纹印花绢抹胸文物
江苏花山宋墓出土，南京市博
物馆藏

宋代女性衫袄的最外层还会穿一件对襟半
袖的短衣，宋代称为貉袖，这种短衣或两侧开
衩或不开衩，有全缘边，常用于保暖。

《仙馆秾花图》中穿着衫袄、外罩貉袖
的仕女形象　宋佚名，台北故宫博物院藏

宋代貉袖复原效果图
（正面）

宋代貉袖复原效果图
（侧面）

另外，最外层还有一类无袖的对襟通裁、开衩衣物，称为背心，衣长或长或短，可穿于最外层也可直接穿在抹胸外。男女均可穿着，但男装用作内衣。

宋代背心文物
福建博物院藏

宋代女性背心复原效果图（正面）

宋代女性背心复原效果图（侧面）

宋代女性也是裤、裙、衫袄的基本穿衣层次。

第一层：
抹胸、裙子

第二层：
衫袄

第三层：
褙子、大衫等外罩衣

第四层：帔类
（仅搭配大衫时使用）

八、宋代的圆领袍

　　宋代男性的圆领袍继承了五代时期的圆领袍服，整体非常宽大，袖子多为大袖。并且此时的圆领袍已经开始常服、礼服化，成为宋代士大夫阶层的常服、公服。宋代圆领袍与唐代一样，也分为两种基本款式——通裁开衩的圆领袍与分裁接底襕的圆领襕袍。

宋仁宗着圆领袍的画像
宋佚名，台北故宫博物院藏

酱色素罗圆领袍文物
江苏周塘桥南宋墓出土，常州博物馆藏

通裁圆领袍复原效果图
（背面）

通裁圆领袍复原效果图
（侧面）

分裁圆领襕袍文物 浙江南宋赵伯澐墓出土，台州市黄岩博物馆藏

圆领襕袍复原效果图（侧面）

圆领襕袍复原效果图（正面）

　　侧开衩类型的圆领袍服到了宋代依然流行于男性群体中，多为日常服饰，袖宽有窄有宽。此时，侧开衩的圆领袍服还发展出一种新的结构——交叠式侧开衩，顾名思义就是开衩两端互相交叠。不同于两侧直接开衩，交叠式的开衩结构在行走时不会露出内层衣物。由于这种交叠开衩结构多发现于北方辽金时期的服饰上，所以也有推测这种结构是受到北方辽金影响而发展出的结构。

金代齐国王墓出土交叠开衩结构服饰文物 黑龙江省博物馆藏

男性圆领襕袍在宋代是士大夫阶层和贵族的公服、常服，即上朝衣物，因此其政治属性较强。严格意义上来说，此类圆领袍仅属于在士大夫阶层内流行的服饰，并不算全民流行。圆领襕袍对于服装花色的要求也十分严格，例如宋代规定圆领袍只能以素罗制成，九品以上穿绿色圆领袍，五品以上穿红色圆领袍，三品以上穿紫色圆领袍（不同时期规定不同）。

除了男性，女性也会穿着圆领袍。与男性不同，女性的圆领袍多是窄袖的侧开衩袍服，整体也较紧窄，并且女性圆领袍的花样也更加丰富。

《宋仁宗后坐像》中着圆领袍的侍女形象　宋佚名，台北故宫博物院藏

 九、宋代深衣的回归

深衣，在南北朝式微两百年后，在宋代又迎来了回归，并且宋代深衣的款式还和我们熟悉的朱熹有点关系，这是怎么回事呢？

明代画家郭诩绘《朱子像》

宋代深衣最著名的当属朱子深衣,是宋代学者朱熹对古代深衣考证研究的产物,属于男性礼服。朱子深衣的每一个结构都有其对应的传统理念。

朱子深衣为白色衣身,全身缝缀黑色缘边,腰上以腰带束腰。基本结构为平直的对襟,袖子为圆弧状的垂胡袖,对应中国传统文化中的规矩。背后有一条贯穿上下的中缝,代表为人正直;下摆与地面平行,象征权衡。上衣部分以四片布料拼合,下摆以十二片梯形布料拼合,分别代表一年中的四季与十二个月。朱子深衣穿着时将对襟穿成交领状,腰部束大带。

宋代深衣的影响是深远的,自宋代一直流行到明代,不仅男性会穿着深衣,女性也会穿。明代的深衣结构相较宋代已经有所改变,最大的变化就是明代深衣将对襟穿成交领式变成了直接裁制成交领式。

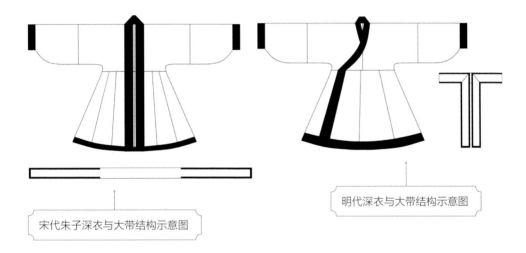

明代深衣与大带结构示意图

宋代朱子深衣与大带结构示意图

深衣的影响甚至还传到了周边一些国家,其中受影响最大的是当时的朝鲜半岛,甚至在今天的朝鲜半岛,深衣依旧被应用在一些特殊场合。

《渡唐天神像》中着深衣的男性形象
明方梅崖,日本九州国立博物馆藏

十、宋代男性穿衣层次

　　宋代男性的全套服饰，因为出土文物较多，所以穿着层次较为明确清晰。第一二层为贴身穿的内衣裤，内衣为抹胸，男性的抹胸称为抱腹，下穿内裤；第三四层为打底的贴身衫袄类衣物，下穿裙子或外层裤子；第五层为正式外穿的交领长衫袄；第六层也就是最外一层为罩衣类的褙子、大氅，或袍服类的圆领袍。

第一层：内衣抱腹

第二层：裤子

第三层：交领短衫

第四层：百迭裙

第五层：交领长衫

第六层：褙子、大氅或圆领袍服

第五章

辽、金、元代

◎ 辽代女性服饰

◎ 辽代男性服饰

◎ 元代汉族女性服饰

◎ 金代女性服饰

◎ 金代男性服饰

◎ 元代蒙古族服饰

◎ 元代汉族男性服饰

辽代服饰简述

    辽代是我国北方契丹族建立的少数民族政权，时间贯穿五代和宋代前期。辽代虽为契丹政权，但其有着大量汉人，所以流行的服饰既有契丹服饰又有汉族服饰。

河北宣化下八里辽墓壁画《散乐图》中的服饰形象

    辽代继承了唐代北方的服饰风格，女性服饰依旧以衣裳制为主，男性则以袍服为主，基本结构与晚唐时期无太大差异。同时辽代作为契丹族政权，部分服饰上也有浓厚的少数民族风格。

辽代左衽交领袍文物
中国丝绸博物馆藏

一、辽代女性服饰

辽代女性的上衣与宋代的对襟短衫袄类似，下半身的裙子比较特殊。辽代女性裙装与汉族裙装不同，汉族传统主流裙装基本都是一片式围系的，而辽代裙子则以筒裙为主。辽代女性裙子多以全幅面料缝制而成，布料首尾相接缝成筒状，在腰部开衩，方便穿着。

除了筒裙，辽代还流行一种两片裙片的裙子，这种裙子的裙身由两片裙片制成，两个裙片既不缝合也不交叠，而是相互独立，依靠系带系结。这类裙子在宋代文物中也有发现，多穿于下半身的最外层，可能是一类装饰性裙子。

辽代壁画中下着裙子的女性形象

辽代筒裙文物
内蒙古内代钦塔拉辽墓出土

辽代两片裙文物
中国丝绸博物馆藏

二、辽代男性服饰

辽代男性的袍服既有圆领袍服也有交领袍服，袍服结构也比较多样。辽代的契丹风格袍服除了流行汉族传统的侧开衩结构外，还流行不开衩或交叠开衩结构以及侧捏褶结构。领子朝向有左衽也有右衽，穿着时多用纽扣固定。

辽代交叠开衩服饰复原效果图

辽代圆领袍文物
中国丝绸博物馆藏

金代服饰简述

金代为辽代后由女真人建立的统治中国北方的一大政权，时间基本与南宋并行。服饰风格除了继承辽代风格外，还因版图南扩进一步融入了汉族的服饰风格。

金代服饰文物有一个比较著名的墓葬出土，就是被誉为"北方马王堆"的金代齐国王墓。墓中出土了一男一女，身上穿着的基本是当时流行的全套服饰，为我们研究金代女真族流行服饰提供了系统的实物资料。

金代齐国王墓墓葬内部服饰出土状况

三、金代女性服饰

金代女性内穿短衫袄，上身衫袄结构与宋代无异，都是通裁开衩的对襟短衫袄。下身穿裤子和裙子，裙子结构与辽代类似，都是腰部开衩的筒裙。外层穿左衽交领袍服，袍服结构与辽代的交叠开衩式袍服类似。腰间系腰带，头戴黑色巾帽。

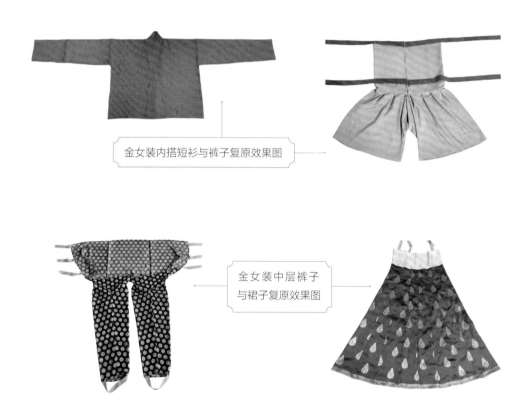

金女装内搭短衫与裤子复原效果图

金女装中层裤子与裙子复原效果图

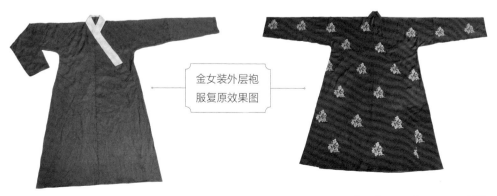

金女装外层袍服复原效果图

金代女性左衽窄袖
交领袍服复原效果图
（侧面）

金代女性左衽窄袖
交领袍服复原效果图
（正面）

金代女性左衽窄袖
交领袍服复原效果图
（局部细节图）

四、金代男性服饰

男性服饰内层也是一件交领左衽的窄袖袍服，最外层则是一件方领窄袖袍服，均为交叠开衩结构。

金代男性左衽窄袖交领袍服复原效果图（正面）

金代男性左衽窄袖交领袍服复原效果图（侧面）

方领类型的衣物除了在女真族中流行外，在汉族服饰中也有流行。金代的汉族服饰基本沿袭宋代服饰，女性身着衫袄裙装，男性则以袍服为主。

金代齐国王墓出土窄袖袍服文物 黑龙江省博物馆藏

金代壁画上的女性汉族服饰

元代服饰简述

元代虽然只有短短百余年，但其在服饰史上的位置是非常重要的。元代汉族服饰在继承宋代服饰的基础上，又为明代发展出一些新的基本款式，可谓承前启后。元代前期的女性服装依旧延续南宋的穿衣风格，上身穿对襟衫袄，下身穿裙装。

五、元代汉族女性服饰

在湖南沅陵县发现了一个元代墓葬，其中的女性服饰与宋代流行的服饰无异。

元代印金夹衣文物 湖南博物院藏

与宋代一样，元代女性在衫袄外层也会穿一件对襟半袖的短衣。总体来说，元代汉族女性日常服饰的基本结构与穿衣方式，相较宋代并无太大变化，只是在服饰审美与整体廓形上有所不同。

元代对襟短袄文物 中国丝绸博物馆藏

元代着半袖女装人俑
中国国家博物馆藏

元代汉族女性衫裙半袖服饰
复原效果图（正面）

元代汉族女性衫裙半袖服饰
复原效果图（侧面）

元代蓝地菱格卐形龙纹双色锦半臂文物
隆化民族博物馆藏

另外，元代女性在继承宋代服饰的基础上发展出不少新的款式。女性褙子在进入元代和明初后，发展出缘襈袄子和四褛袄子，这种服饰款式的基本结构延续自褙子，多为对襟长衣，全身缝缀缘边，但穿着方式上出现很大变化，常作左衽穿着也有右衽穿法。

元代至明初女性缘襈袄子复原效果图（正面）

元代至明初女性缘襈袄子复原效果图（侧面）

对襟衫袄类衣物在元代也有发展，对襟穿作交领是这一时期女性流行服饰的特色，宋代时期单纯的对襟类衣物在进入元代后，开始在衣服两侧缝缀系带以穿作交领，为明代初期的流行服饰打下基础。

对穿交领服饰文物系带细节

背心类衣物进入元代也发生了变化，宋代背心整体呈直上直下的方形，元代则发展成上窄下宽的梯形。这一变化为明代流行的比甲打下了基础。

值得一提的是，此时的女性裙装还发展出了后世的一个重要款式——马面裙。这种裙子由两片裙发展而来，元代是两片裙与马面裙的过渡时期，两片裙到了元代开始在裙片上添加褶子，而后褶子越来越多并且捏褶方式与位置开始固定，便发展成了后世的马面裙。

元代比甲文物
无锡博物院藏

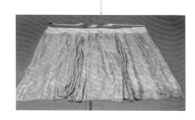
元代马面裙文物　湖南博物院藏

六、元代汉族男性服饰

元代男性服饰也与宋代相同，基本继承了宋代袍服的形制，宋代流行的交领袍服、圆领袍服等都依然在此时流行。

元代男性褙子文物
湖南省沅陵县博物馆藏

元代男性圆领袍文物

元代男性交领长衫文物
湖南省沅陵县博物馆藏

元代的男性服饰虽然依旧延续宋代服饰，但此时男性服饰在一些结构上已经开始产生了变化，最大的一个变化就是男性袍服两侧的开衩开始出现捏褶结构，这一做法也为后世的摆结构打下了基础。

元代开衩打褶袍文物　湖南博物院藏

元代开衩打褶袍文物打褶细节　湖南博物院藏

这种侧开衩打褶结构很有可能是汉族服饰与元代少数民族服饰交融发展而来的。此结构应用非常广泛，除了交领袍服，圆领袍服以及一些半袖类型袍服都有使用。

元代男性侧开衩打褶袍服复原图（正面）

元代男性侧开衩打褶袍服复原图（侧面）

七、元代蒙古族服饰

元代是由蒙古族人建立的朝代，因此，蒙古族服饰在元代流行服饰中也是占有一席之地的，并且蒙古族服饰与汉服在这段时间内也产生了碰撞与交融，最终相互影响吸收。

蒙古族女装最流行的就是大袖袍，这种袍服十分宽大，衣长拖地，衣服宽大到甚至能装下两个人。此类袍服为蒙古族女性较为正式的衣物，穿着时头上还会搭配一种名为"姑姑冠"的冠帽。

元代女性织金绫大袖袍文物
中国丝绸博物馆藏

蒙古族男性流行服饰中，有一类服饰名为"海青衣"，最大的特征就是在两个袖子的腋下部位各有一个开口。蒙古族是游牧民族，这种结构正是为适应游牧民族的生活方式而设计的，在手部需要大幅活动时就将手从开口处伸出，这样一来就没有了袖子的约束，更方便手部活动。

蒙古族还有两类流行的男性服饰对汉族服饰产生了重大影响，那就是辫线袍和质孙服。辫线袍的结构多为交领右衽，上下分裁，分裁的下部多捏有细碎的褶子，袖子为窄袖。辫线袍最大的一个特征就是在腰部缝缀着"辫线"，这也是其名字的由来。

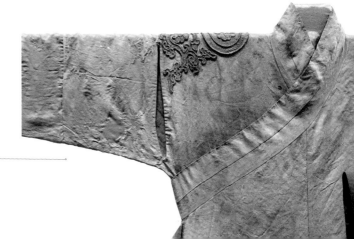

海青衣腋部开口
中国丝绸博物馆藏

元代辫线袍文物
中国丝绸博物馆藏

辫线袍除了在蒙古族男性服饰中流行外，还直接影响了汉族服饰，被汉族吸收后发展出了后世的贴里袍。而质孙服则发展成了明代流行的曳撒。

元代影响汉族服饰的还有一大款式，那就是胸背。胸背并不是一种特定服饰，而是一种在胸前和背后缝缀方形布片的服饰装饰，也有与衣身布料一体式的，布片上可以织绣各类题材装饰，这也是后世补子的来源。

元代胸背半袖文物
中国丝绸博物馆藏

第六章

明代

◎ 以云饰肩的云肩通袖膝襕布局

◎ 方领衣物

◎ 和马没有关系的马面裙

◎ 明代女性穿衣层次

◎ 爱『显摆』的明代人

◎ 胡汉之交，明初服饰风格

◎ 飞鱼服？其实是曳撒、贴里

◎ 大明女装基础款——交领衣

◎ 源于明代的立领

◎ 明代补服

◎ 明代的对襟直领衣物

◎ 非道士之袍的明代道袍

◎ 明代女性的圆领衣物

◎ 明代男性穿衣层次

明代服饰简述

　　明代初期，由于受到元代少数民族的穿衣影响，服饰风格多有胡风，因此朱元璋曾下令改易服制，"上承周汉，下取唐宋"。但实际上少数民族的服饰风格早已流行并融入汉族服饰中，被汉族吸收、发展成了新的服饰款式。

　　明代是中国纺织业的巅峰时期，之前所有朝代的纺织技术都汇集在明代，因此明代服饰也成为汉族传统服饰的集大成者。并且明代也是一个繁荣强盛的朝代，服饰文化遍及全国各个阶层，还影响到许多周边国家，成为其传统服饰的起源。

明太祖朱元璋坐像
台北故宫博物院藏

明代《上元灯彩图》中各阶层的服饰形象

　　明代距今的时间较近，保存下来的服饰文物非常多，并且还出现了诸如孔府旧藏服饰、明宫旧藏等珍贵的传世文物。在几百年后的今天，这些传世文物的颜色依然鲜艳，不像出土文物会失去颜色，是当今研究明代服饰颜色与纹样的重要资料。

出土文物（左）与旧藏文物（右）的色彩、纹饰对比

　　明代还是除清代外唯一一个服饰资料齐全的朝代，从皇帝、皇后服饰到平民百姓服饰都有相对完整的文物与资料，并且基本涵盖了明代所有的流行服饰款式。而明代的流行服饰分类也因其资料完善，可以不再像其他朝代以单一款式或某一墓葬来进行分类，而是可以用服饰的基本特征作为分类依据，这种分类形式能够真正地展现出一个基本款式在一段时间内的流行趋势与款式变化。

 一、明初服饰风格

　　明代初期的服饰风格是比较混乱的，既有蒙古族服饰又有汉族服饰，也有两者融合发展的服饰。

　　明代初期的女性依旧延续宋代衫、袄、裙的穿衣方式，但经过元代的文化交融，女性的衫、袄、裙已经不如宋代那样具有原生态的汉族风格，而是加入一些元代胡风，其中最典型的一个例子就是当时的女性流行把衣服的领子穿成左衽。

明初女性服饰套装　中国丝绸博物馆藏

而宋代女性流行的褙子类服饰，在经过元代后也发展成了新的服饰——缘襈袄子和四褛袄子。进入明代后，缘襈袄子的款式开始逐渐完善，例如，将元代对襟穿成交领的款式变成真正的交领结构。而四褛袄子也因明代初期定下的女性服饰制度，变成女性常礼服中的内衣。

明代文献《中东宫冠服》中的四褛袄子与缘襈袄子

　　明代初期的男性服饰则较多地保留了元代蒙古族服饰的特征，有相当一部分的元代蒙古族服饰款式被汉族服饰吸收、发展。宋代的服饰特征在明代几乎消失，其中最大的一个特征是明代男性几乎抛弃了上衣下裳的穿衣方式，改为以长袍和衣裤为主的穿衣方式，上衣下裳的穿衣方式仅在明代男性礼服和部分慕古服饰中有所保留。

　　明初的服饰结构奠定了整个明代的服饰框架，诸多服饰结构都是后世款式的基础，女性以上衣下裙外罩衣的穿衣方式为主，上身穿着通裁衣物，下身多穿两片式裙。而男性则以通裁袍为主，并且大多数袍服的两侧继承了元代的开衩打褶结构。这一结构也演化出了之后男性服饰最重要的"内摆"与"外摆"两个结构。

明代官员着上衣下裳的朝服形象

二、飞鱼服？其实是曳撒、贴里

　　相信大家对明代锦衣卫的印象就是身着飞鱼服、腰佩绣春刀的形象，因为影视剧中明代锦衣卫多穿着曳撒或贴里，所以导致很多人会把明代的曳撒和贴里这两种衣物误称为飞鱼服。实际上，飞鱼服并不是一种衣服款式，飞鱼是一种花纹，只要有飞鱼纹的服饰都可称为飞鱼服。

明代《明宪宗元宵行乐图》中曳撒、贴里形象　中国国家博物馆藏

素绸贴里打褶细节
泰州市博物馆藏

素绸贴里文物　泰州市博物馆藏

那么被误传成飞鱼服的贴里和曳撒究竟是什么呢？贴里是一种改良自蒙古族服饰的衣物，其来源大多是元代的辫线袍，贴里一词则是对蒙语中袍服（terlig）的汉语音译。

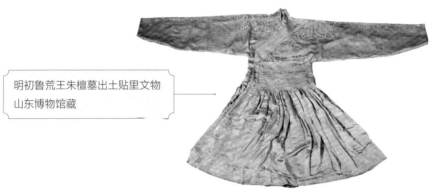

明初鲁荒王朱檀墓出土贴里文物
山东博物馆藏

贴里的发展过程是一个逐步汉化的过程。明代初期的贴里还保存有蒙古族服饰的影子，腰上多缀有辫线，袖子窄小。随着时间的推移，贴里也发生了变化，腰上的辫线消失了，腰部的捏褶更加规范，袖子也变得更加宽大。

孔府旧藏明代中后期
蓝色暗花纱贴里文物

贴里的穿着方式有多种：第一种是作为内衬穿着，用于撑起袍服的整体廓形；第二种是作为外衣穿着，穿在最外层；最后一种是作为全套搭配的衬衣穿着，外面搭配诸如褡护、罩甲之类的外罩衣。

褡护贴里画作

曳撒的来源也是蒙古族服饰中的一种，称为质孙服，外观与贴里类似，但结构有所不同。最大的区别就是曳撒的前半身是分裁，腰部捏褶，后半身是通裁的，且在开衩结构的处理上也与贴里不同，曳撒是两侧开衩，接有一块延伸出侧的布料，称为外摆（见本书第 191 页），并且在外摆之后还延伸出一块布料折入内部，构成内摆（见本书第 159 页）。

　　曳撒的变化过程与贴里相同，也是一个逐步汉化的过程。但与贴里不同的是，曳撒是男性的外衣，并不作为内衣穿着。

　　明代的贴里和曳撒被误传成飞鱼服的很大一部分原因就是装饰纹样，而飞鱼纹就是其中之一，装饰了飞鱼纹的衣服就可以称为飞鱼服。贴里和曳撒在装饰上可以使用"云肩通袖膝襴"的布局（见本书第 185 页）。

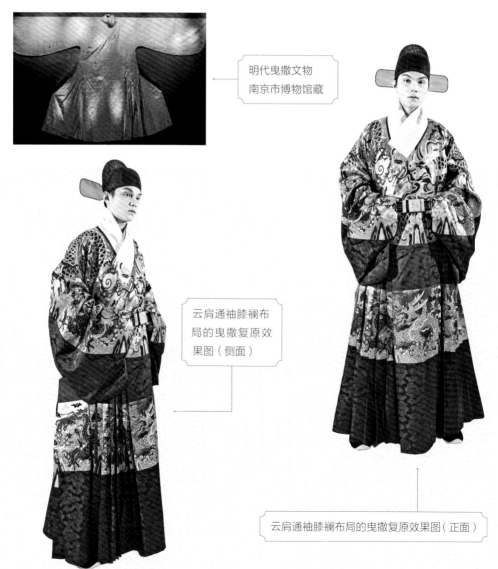

明代曳撒文物
南京市博物馆藏

云肩通袖膝襴布局的曳撒复原效果图（侧面）

云肩通袖膝襴布局的曳撒复原效果图（正面）

除了飞鱼纹，云肩通袖膝襕的布局还可以装饰龙、蟒、麒麟等纹样，而影视剧中的锦衣卫常常穿着饰有飞鱼纹的曳撒或贴里，所以就给大家留下了一个刻板印象，认为锦衣卫都是穿着这样华丽的衣服，也让大家误以为飞鱼服就是一种类似曳撒和贴里的服装款式。

明代《出警图》中
云肩通袖曳撒形象
台北故宫博物院藏

三、大明女装基础款——交领衣

交领类型的女性服饰在明代再一次迎来了春天。唐宋时期女性上衣的流行趋势一直以对襟类衣物为主，在元代时期交领类衣物开始回归。到了明代，交领类衣物再一次成为女性服饰的主流。

明代女性交领衣物的基本结构为交领右衽（也流行过左衽）、通裁开衩或不开衩、袖子有宽有窄。明代女性交领衣物的演变也基本遵循之前朝代的规律：衣长逐渐变长、袖子逐渐变宽、衣服整体越来越宽大。

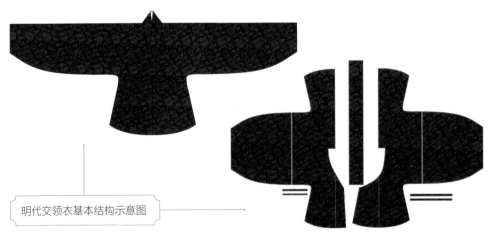

明代交领衣基本结构示意图

明代初期的服饰沿袭元代服饰风格，女性多穿对襟短衣，但此对襟其实并非采用对襟穿法，穿着时会将两襟相交穿成交领，并且由于受到少数民族的影响，还多穿成左衽。

明代前期（约成化年以前）的服饰由于受到元代少数民族的影响，交领衣整体比较窄小，衣长较短。与元代和明初的将对襟穿成左衽交领不同，明代前期甚至还曾流行过左衽的交领衣，直接将交领制成左衽衣襟。此时的交领衣以交领短衫袄为主，袖子多为窄小的袖子，衣长较短，甚至仅到臀部。

往后女性的交领衣开始慢慢变得宽大，首先体现在袖子上，女性衫袄的袖子由前期窄小的袖子开始外扩，到袖口处又收窄，呈现出琵琶形，故现代多称为"琵琶袖"，衣长也开始慢慢变长。

明初画作中的女性服饰形象

明代酱色方格纹暗花缎
斜襟夹袄文物
首都博物馆藏

孔府旧藏明暗绿地织金纱通肩柿蒂形翔凤短衫文物
山东曲阜孔子博物馆藏

明代前期女性交领短衫
复原效果图（正面）

明代前期女性交领短衫
复原效果图（侧面）

到了明代中期以后，女性交领衣开始变得更加宽大起来，衣长也变得更长。此时的衣长接近膝盖，袖宽也变得更加宽大，有的宽度甚至与衣长相近。此时，衣领呈左衽的现象少了很多，但还是能看到不少穿着左衽衣服的形象。

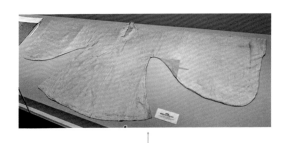

明代中后期女性交领衣文物　浙江嘉兴博物馆藏

明代容像中交领左衽女性服饰形象

明代中后期女性中长款交领衣
复原效果图（侧面）

明代中后期女性中长款交领衣
复原效果图（正面）

　　明代后期，交领衫袄的衣长大多超过膝盖。有趣的是，朝廷为了提倡节俭作风，还曾对衣服尺寸进行过一场"纠正"，所以明代后期曾有过一段衣服袖宽缩小的时期，但这种现象是很短暂的，万历朝以后，衣服尺寸又开始往极端宽大的方向发展了。

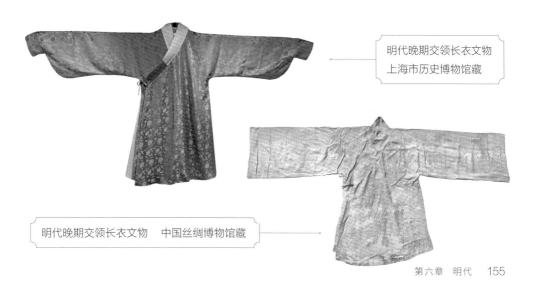

明代晚期交领长衣文物
上海市历史博物馆藏

明代晚期交领长衣文物　中国丝绸博物馆藏

到了明末，女性服饰的长度已经到了脚踝，袖宽甚至能宽大到两手下垂后衣袖拖地的程度。

交领类衣物的宽大化并不意味着交领类短衣就不流行了，交领类短衣可以说是贯穿整个明代的服饰款式，多用作女性内衣或劳动人民日常劳作的便服。

内搭交领衫袄
穿着示意图
（侧面）

内搭交领衫袄
穿着示意图
（正面）

明代女性交领衣物的装饰是非常多样的，并且装饰不同，其服装的级别也不同。除了素色暗花外，还有云肩通袖膝襕和补子两大装饰，与对应装饰的裙子搭配时，可以构成女性的吉服和常礼服。

素缎麒麟交领补服文物
泰州市博物馆藏

四、非道士之袍的明代道袍

说起道袍，大家想到最多的可能就是道士的衣服，但实际上此道袍与道士并无关系。道袍的"道"为儒家学说中的"道"，如人道、天道。道袍是明代男性最流行的外衣，外层可搭配多种外罩衣，也可作为更高规格衣物的内搭，上至王公贵族下至平民百姓均可穿着。

明代《上元灯彩图》中各阶层男性皆着道袍

道袍是明代男性的主流衣物之一，是在继承宋元时期的男性交领长衫袄的基础上发展而来的。宋代的交领长衫袄到了元代有了一个重大的发展，即开衩处捏褶。这一做法也一直延续到了明代，在明代多数墓葬的服饰文物中还能见其身影。

交领褶袍文物　浙江嘉兴博物馆藏

交领褶袍文物打褶细节　浙江嘉兴博物馆藏

这一类侧开衩打褶的交领袍服可能影响了后世两大主流交领袍服——道袍、直身的结构，并与元明时期具有内摆结构的曳撒一起在明代衍生出了摆结构。摆又分为内摆和外摆，内摆对应的衣物为道袍，外摆类衣物对应的直身在后面的篇章中会有介绍。

晚明大袖道袍复原
效果图（现代作品）

道袍的基本结构为通裁开衩，交领右衽，袖子可宽可窄，两侧开衩接有内摆。道袍的发展与其他服饰一样，有一个从窄小变宽大的过程。在这一过程中，道袍的基本结构不变，但在内摆的处理方式上会有一些变化。

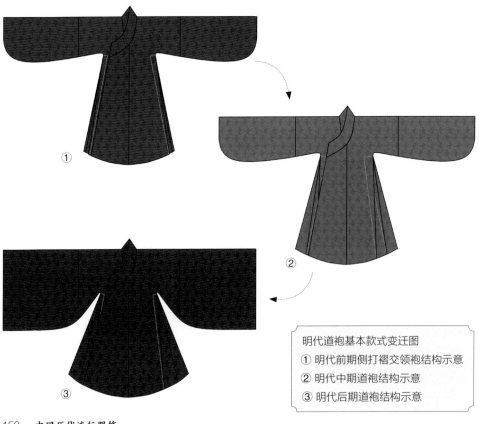

①

②

③

明代道袍基本款式变迁图
① 明代前期侧打褶交领袍结构示意
② 明代中期道袍结构示意
③ 明代后期道袍结构示意

早期的明代道袍继承了交领打褶袍的基本外形，衣身较窄小，袖子呈窄小的琵琶袖形状。

早期的明代道袍复原效果图（侧面）

早期的明代道袍复原效果图（正面）

随着时间的推移，道袍整体也变得宽大起来，袖子变得更长、更大。明末是道袍发展的巅峰时期，整体十分宽大，袖子多为大袖，衣服装饰清雅，颇有宋代交领袍服的风韵。

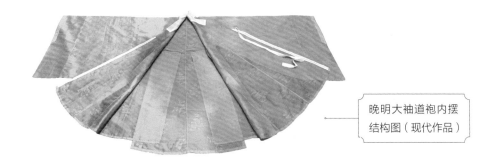

晚明大袖道袍内摆结构图（现代作品）

明末大袖道袍
复原效果图
（侧面）

明末大袖道袍复原效果图（正面）

明代还有一种类似道袍的衣
服，称为道服。道服结构与道袍基
本相同，交领右衽、两侧开衩接内
摆，不同的是道服的全身是缝缀有
缘边的，穿着时多用一根腰带束腰。
在明代，这种腰带称为大带。

画作中的明代道服形象

明代道服复原效果图
（侧面）

明代道服复原效果图
（正面）

　　道袍的装饰也是十分多样的，除了作为男性便服的素色道袍以外，还可以缀上补子或采用云肩通袖膝襕装饰，构成男装的常服和吉服。

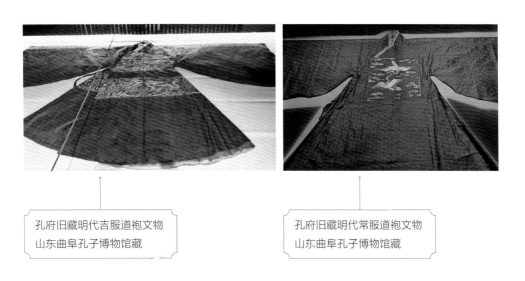

孔府旧藏明代吉服道袍文物
山东曲阜孔子博物馆藏

孔府旧藏明代常服道袍文物
山东曲阜孔子博物馆藏

五、明代女性的圆领衣物

明代女性的圆领衣物按基本特征可以分为圆领长款衣物、圆领短款衣物、圆领类外罩衣三大类。

圆领长款衣物在明代一般以圆领袍和圆领长衫袄为主。圆领袍在明代的政治属性较强，为常礼服，多流行于士大夫和贵族阶层，平民百姓仅会在一些诸如婚礼等的大型场合穿着。圆领长衫袄的政治属性较低一些，因此流行程度较高，流行阶层也较为普遍。

女性圆领袍基本款式为圆领右衽、通裁开衩，袖子多为大袖或琵琶袖，衣长通常到脚踝甚至拖尾，有的在开衩处会有捏褶或有外摆。

明代女性着圆领袍容像

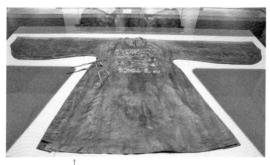

明代女装圆领缀补袍文物
苏州丝绸博物馆藏

女装圆领袍开衩打褶细节

女款圆领袍服因其政治属性较高，因此通常会添加一些具有政治属性的装饰，例如云肩通袖膝襕、补子，构成女性的吉服或常礼服装束。

明代女装圆领袍文物　苏州丝绸博物馆藏

女装圆领袍缀补子细节

圆领袍通常穿于最外层，并且会佩戴霞帔和腰带，头上佩戴与品阶相配的冠，如翟冠。在搭配明代命妇服饰中的大衫霞帔时，也可以穿在大衫之内。

女性的长衫袄并无过多的固定要求，基本结构为圆领右衽、通裁开衩，开衩处一般无特殊处理，袖子有大有小，衣长也无特殊规定。

女性的圆领长衫袄根据装饰不同，其穿着层次和级别属性也不同，多做日常便服穿着，也可加上云肩通袖装饰，构成女性吉服，可以在吉庆场合穿着。

圆领袍外罩大衫霞帔形象

圆领类短衣是明代流行的女性服饰之一，多为圆领短衫袄。基本结构为通裁开衩、圆领右衽或圆领对襟，袖子有大有小。也有内衣与外衣两种款式，作为内衣时通常比较窄小，作为外衣则较为宽大。

孔府旧藏明代女性外衣
圆领短袄文物
山东曲阜孔子博物馆藏

明代女性内搭圆领
短衣复原效果图
（侧面）

明代女性内搭圆领短衣复原效果图（正面）

外穿的圆领短衫袄也可根据需要加上如云肩通袖、补子等装饰，构成吉服、常服。

明代缀补子圆领短衫复原效果（现代作品）

明代女性圆领短衣复原效果图（侧面）

明代女性圆领短衣复原效果图（正面）

圆领衣物还有一类是无袖的或半袖的，基本结构为圆领对襟、通裁开衩，长短均有，明代称为比甲，为穿于最外层的罩衣。

明代暗花纱圆领比甲
山东曲阜孔子博物馆藏

 六、明代的对襟直领衣物

明代的对襟类衣物（本节特指对襟直领类衣物）结构较简单，并且无论款式如何，其基本结构都是相同的，即对襟直领、通裁开衩或不开衩。明代对襟衣物基本都是内搭或最外层的外罩衣，男女款式相差不大。

内衣款式的对襟衣物多为对襟短衫袄，对襟直领、通裁开衩，袖子多窄小，也有无袖或半袖的。由于是内衣，因此装饰也较朴素。

孔府旧藏对襟短衫文物

外衣款式的对襟衣物主要有披风、大氅、比甲三种。披风基本结构为对襟直领、通裁开衩，长衣长袖，袖子多为较宽的袖子，是穿于最外层的衣物。

明代记录的披风由宋代褙子发展而来，披风也有一个从小到大的演变过程。无特殊装饰时披风可作为便服，无论男女均可穿着。并且披风的装饰也是多样的，可以加云肩通袖膝襕或补子，但由于款式原因，只能作为吉服使用。

披风基本结构示意图

明代后期男装披风文物
江西省博物馆藏

花缎夹衣大氅文物
泰州市博物馆藏

　　男性披风一般穿在道袍外层，属于男性便服。女性披风则会穿在衫袄裙的外层，
内搭衫袄基本为长款，且领型多为交领和立领。披风的通袖一般会比内层的衣物短，
穿着后袖口可以露出里面的衣物，增加整体的层次感。

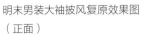

明末男装大袖披风复原效果图
（正面）

明末女装大袖披风复原
效果图（背面）

明末女装大袖披风复原效果图（正面）

大氅基本结构与披风类似，唯一不同的是，大氅的全身都要缝缀缘边，并且两侧可不开衩也可开衩。

明代穿着大氅的男性形象

明末大氅复原效果图（侧面）

明末大氅复原效果图（正面）

对襟直领的比甲为通裁开衩，无袖或半袖，有长有短，男女均可穿着。穿着时穿于最外层，多作为便服使用。

明代比甲文物
中国丝绸博物馆藏

明代男装比甲复原效果图

明代女性的礼服大衫也是对襟类衣物，外观上类似披风。明代女性大衫霞帔是从宋代的大衫霞帔发展而来的，与宋代不同的是，明代的大衫下摆比较宽大，后摆拖地，后摆上也有用于放置霞帔的三角兜。穿着时还会佩戴凤冠或翟冠。

霞帔文物　江西省博物馆藏

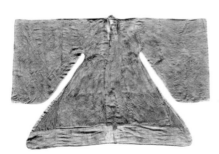

大衫文物　江西省博物馆藏

明代《中东宫冠服》中的大衫霞帔效果图

七、源于明代的立领

　　立领，又称竖领，由明代的交领发展而来，是明代后期女性服饰的主流领型之一。网络上一直流传立领是吸收了元代蒙古族服饰款式发展而来的，实际上蒙古族并不穿立领，立领是明代汉族人的原创。明代初期的女性为了方便和御寒，通常会在脖子处的衣领上添加扣子，起到固定衣襟的作用。

《明宪宗元宵行乐图》中在交领领口加扣子的形象
中国国家博物馆藏

到了明代前中期便开始省略脖子以下部分的领子，变成一种介于交领和立领之间的过渡结构，多用作内衣。明代中期以后，立领正式成型，同时也变成了外穿衣物。

立领衣物的基本结构也遵循了明代上衣的基本结构，为通裁开衩，外穿的款式主要有立领对襟衣和立领大襟衣两类。

立领与交领过渡形态的内衣文物
江西南昌宁靖王夫人吴氏墓出土

孔府旧藏蓝色暗花纱女长袄文物
山东曲阜孔子博物馆藏

明代末期立领衫裙
复原效果图

立领类衣物与其他领型的衣物一样，也有长短、内外之分，并且整体也呈现逐渐变宽大的趋势，装饰上也可加入云肩通袖膝襕以及补子。

立领类服饰除了上述大襟类衣物外还有对襟类衣物。身前多采用一排扣子固定，也有少数使用系带固定的。

立领对襟短袄内衣文物　嘉兴博物馆藏

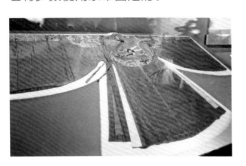

孔府旧藏吉服立领长衫袄文物
山东博物馆藏

万历时期立领对襟蟒纹
短袄复原效果图

对襟类立领衣物与大襟类衣物的发展脉络基本一致，也是由短到长、由窄小到宽大，装饰上也会用到云肩通袖膝襕的布局。

万历时期立领对襟蟒纹短袄复制品
南京云锦博物馆藏（正、背面）

值得一提的是，明代立领虽然流行于女性群体中，但男性并非不穿立领。男性的立领多为短衣且多用作内衣穿着，但在明代后期也出现了男性外穿立领长袍服的情况。

关于立领还有一个流传已久的错误观点：明代创造立领是为了束缚女性。说这个观点错误，是因为明代女性除了立领还有交领、圆领等领型可供选择，并不存在强制女性只能穿立领的情况，并且明代男性也会穿着立领衣物。另外，在明代立领类衣物还会用轻薄透明的布料制作，穿着时甚至会把抹胸内衣透出来，可见在明代立领衣物并非是一种象征保守的衣物。

穿着透明纱制立领长衫的明代仕女图　美国弗利尔美术馆藏

八、方领衣物

方领，顾名思义就是方形的领子。在明代，多流行穿着方领对襟类型的外罩衣，以方领对襟的无袖比甲和方领半袖衣为主。

明代方领衣物有长有短，短款的方领衣物多流行于女性群体中，通裁开衩，半袖或无袖，常穿于最外层。

短款方领半袖示意图

明代中晚期方领缀补子半袖短衫复原效果图（正面）

明代中晚期方领缀补子半袖短衫复原效果图（侧面）

从目前的资料来看，长款方领比甲多流行于男装中，也称罩甲，常穿在最外层，但罩甲并非只有方领一种款式，也有圆领等款式。

明代《出警图》中各类罩甲形象
台北故宫博物院藏

明万历织金无袖方领寿字纹罩甲文物
美国旧金山亚洲艺术博物馆藏

九、明代女性穿衣层次

明代女性基本延续了宋代的上衫袄下裙、内穿衬裤、外罩罩衣的穿衣方式。

明代女性的内衣除了上述的各类贴身衫袄外，还有抹胸或背心。抹胸又称为主腰，与宋代不同，这种抹胸的前片分开，以扣子固定，有的还会在肩部加两道宽肩带，整体类似背心。

裤子在明代的穿衣层次中是必不可少的，因为明代流行的裙子多为两片交叠的制作方式，裙子的封闭性不是很好，所以当时的女性在裙子内必须穿着裤子。明代的裤子款式较为统一，大多都是合裆裤，裤腿比较宽大。

裤子复原图
浙江嘉兴博物馆藏

值得一提的是，明代女性的罩衣款式可以说是历史上最丰富的，有披风、大氅、比甲三大类，其中比甲按照领型和袖型，甚至装饰的不同还可以细分出多种款式。

明代抹胸与裤子复原效果图

第一层：抹胸、合裆裤

第三层:
外衣衫袄

第二层:
下身裙装

第四层: 外罩披风、比甲等

 十、明代男性穿衣层次

　　明代男性穿着层次以衫袄裤子为最内层,衫袄多为短衣,有交领、圆领、立领可选择,裤子基本为合裆裤。其次是中层衬袍与下装衬裙,中层衬袍多为长衣,比较有代表性的就是贴里衬袍,而下装衬裙就是褖子。中层衬袍的作用是撑起整套衣服的廓形,若是没有中层衣物,那么最终的穿着效果就会比较软塌。最后就是正式外穿的袍服,按照袍服级别的不同在袍服外还可穿上罩衣。例如,男性便服的外层还能穿上披风、大氅等外罩衣。但男性常服、公服这些等级较高的服饰外层就基本不可再穿其他衣物了。

第二层：
衬裙

第三层：
内搭贴里

第一层：
贴身衫袄与合裆裤

第五层：
外罩披风、大氅等

第四层：
道袍等外层袍服

十一、和马没有关系的马面裙

　　马面裙或称马面褶裙，前身为宋代的两片裙，成型于元代，确立于明代，是明代女性甚至男性的主要裙装款式。基本结构为两片裙身相互交叠，两个裙片上各捏有数个相对的褶子，褶子有多有少；每个裙片两侧各留一个无褶的光面，称为裙门，裙门可宽可窄。

马面裙实物展示图

明代马面裙裙门交叠示意图

马面裙虽然有个"马"字，但其实与马并没有任何关系。马面裙的名字来源于传统建筑中城墙的马面结构，这个结构呈梯形，与马面裙的形状非常相似，故名马面裙。

不同于上衣，马面裙随时间的流逝，变化较小，其变化主要集中在廓形和装饰上。马面裙大多时候的廓形都是呈角度并不大的梯形或直上直下的长方形。

城墙的马面结构
摄于嘉兴子城城墙

马面裙复原穿着
效果图（正面）

马面裙复原穿着
效果图（侧面）

但在明代曾短暂流行过一种类似欧洲蓬蓬裙的马面裙，这种马面裙呈上窄下宽的梯形，裙撑多由马尾制成，因此也叫马尾裙。

关于这种蓬蓬马面裙也有一个有趣的故事。由于这种马面裙的裙撑多由马尾制成，所以在这种裙子大流行的时候有人将官员马尾上的毛偷偷拔下来做裙子。随着这种情况越来越多，有马的人家苦不堪言，最终此类裙子很快就被禁止穿着了。

《明宪宗元宵行乐图》中的马尾裙
中国国家博物馆藏

马尾裙复原图
（正面）

马尾裙复原图
（侧面）

马面裙除了素地和暗花地外，还流行在裙子底摆和膝盖位置做装饰，这两个装饰区域也被称为底襕和膝襕，合称裙襕。装饰工艺多种多样，有暗花、织金、妆花、刺绣等等。另外，裙襕的装饰也是随着时代的变化而变化的，并且其变化还与衣服长度有关。

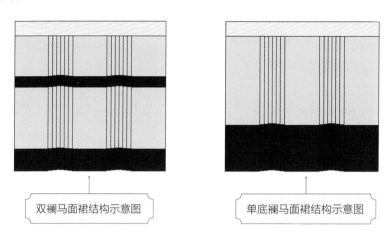

双襕马面裙结构示意图　　　　　　单底襕马面裙结构示意图

明代前期由于衣长较短，裙子大部分是露在外面的，所以在装饰方面底襕和膝襕都占有很大比重。随着时间推移，女性衣长逐渐变长，裙子被遮住的部分也逐渐变多，因此底襕装饰占的比重就开始大过膝襕。到了明代晚期，在衣长进一步加长的情况下，马面裙的膝襕甚至被直接省略了，只留下一道底襕。

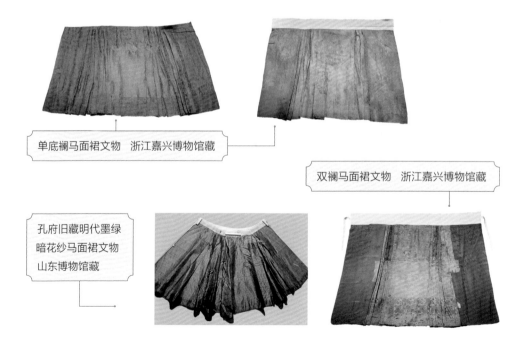

单底襕马面裙文物　浙江嘉兴博物馆藏

双襕马面裙文物　浙江嘉兴博物馆藏

孔府旧藏明代墨绿暗花纱马面裙文物　山东博物馆藏

由于政治混乱，服饰僭越严重，马面裙的装饰区域在明末还出现过一个大变化。之前的马面裙装饰无论是底襕还是膝襕都是工工整整的方形区域，但明末时期裙子的装饰区域开始变得不规则起来。

孔府旧藏明末清初白色暗花纱绣花鸟纹裙文物
山东博物馆藏

明末清初马面裙复原效果图

马面裙除了女性穿着外，男性也会穿着，但男性的马面裙与女性的马面裙虽然结构一样，都是由两片裙片组合成的裙子，但在使用场合与款式上与女性的不同。

明代男性裙子用处较少，仅可分为三大类：礼服类、内衬类、慕古类。明代男性礼服中的裙子主要运用在男性的朝服、祭服等中，这类裙子的政治属性较强，因此在裙子的外观和结构上都有相应规定。

孔府旧藏明代赤罗朝服赤罗裳文物
山东博物馆藏

作为明代男性内衬的裙子也是由两裙片组成的裙子，但这种裙子通常较短，穿着时起到撑起衣服廓形的作用，但又不会外露，明代称为"襯子"。襯子与女性马面裙的结构相同，只是长短有区别，也可添加装饰华丽的裙襴。

明代襯子朵花纹绮裙文物
摄于中国丝绸博物馆"风宪衣冠"展

男性襯子复原图
（正面）

最后是明代男性的一些慕古装束，明代男性已经不流行上衣下裳的穿衣方式了，但部分人为了慕古还会选择穿着衣裳类的服装。比较著名的服装就是"野服"，野服的裙子长度较长，穿着时长度垂至脚面甚至拖地。作为慕古类服饰，野服的装饰是有严格规定的，并不会添加华丽的装饰。

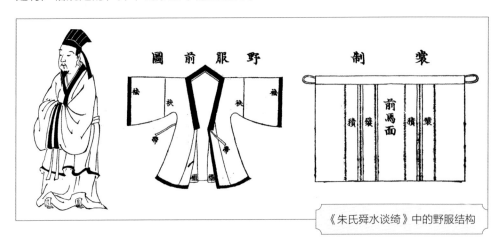

《朱氏舜水谈绮》中的野服结构

十二、以云饰肩的云肩通袖膝襕布局

云肩通袖膝襕是明代流行的服饰装饰布局，肩部装饰呈祥云形状，并且延伸至两袖，故名云肩通袖，膝盖部分的一道横襕则称为膝襕。在这些装饰区域内通常以织、绣工艺饰以各类花纹，常在吉庆场合的服饰上使用。

云肩通袖膝襕可运用在当时的各种流行服装上，从现存的明代服饰文物看，云肩通袖膝襕的运用十分普遍，从短款衫袄到长款袍服均有使用。

明代《出警图》中云肩通袖纹服饰形象
台北故宫博物院藏

云肩、通袖、膝襕这三者还可以拆分使用，多出现在女装上，例如短款衣物可以去掉膝襕，改为将膝襕在裙子上表现出来。长款服饰也可以不装饰膝襕，但不装饰膝襕的长款衣物相较正式的常服、礼服，等级稍低，仅能作为女性吉服使用。

云肩通袖膝襕多为明代贵族以及士大夫阶层使用，装饰区域内的纹样也有等级区分，需要由皇帝赐予后才可使用。明代后期，由于官场混乱，服饰纹样使用的管理开始松散，导致诸如蟒纹、飞鱼纹，甚至龙纹等服饰纹样僭越成风，就连没有官阶的人也能穿着等级较高的云肩通袖纹样。例如，反映明代生活的小说《金瓶梅》中就写道西门庆穿过一件"五彩飞鱼蟒衣"，作为一个富庶百姓的西门庆能穿上饰以蟒纹的高档衣服，可见明代后期服饰僭越有多严重。

孔府旧藏云肩通袖膝襕
蟒袍文物
山东曲阜孔子博物馆藏

云肩通袖蟒纹道袍复原效果图

明代后期到清代初期的云肩通袖膝襕还有一个较大的变化，就是装饰范围打破了规定的云肩通袖膝襕区域，开始向外延伸，从最初较规则的装饰区域逐渐扩散至全身，但基本布局依旧遵循云肩通袖膝襕的范围，主要元素依旧集中在这些区域内。

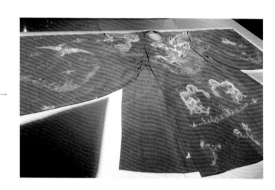

孔府旧藏明末清初云肩通袖膝襕纹服饰文物　山东博物馆藏

 ## 十三、明代补服

在明代服饰中有一类服饰会在胸前和背部各缝缀两片饰有禽、兽纹样的布料，这种装饰称为补子，缝缀有补子的衣服则是补服。补子中的禽为鸟类，兽多为哺乳动物或神话动物。

明代《出警图》中官员补服形象　台北故宫博物院藏

补子是由元代的胸背发展而来的，顾名思义就是用在胸口与背部的装饰。

在明代，补子是官员身份的象征，补子使用什么图案是有严格规定的。根据明代文献记载，文官绣禽以示文明：一至四品穿绯袍，依次绣仙鹤、锦鸡、孔雀、云雁；五至七品穿青袍，依次绣白鹇、鹭鸶、鸂鶒；八品、九品穿绿袍，依次绣黄鹂、鹌鹑。

武官绣兽以示威猛：一品和二品穿绯袍，都绣狮子；三品和四品也是绯袍，依次绣老虎、豹子；五品穿青袍，绣熊；六品、七品也是青袍，绣彪；八品、九品穿绿袍，依次绣犀牛、海马。

胸背文物　中国丝绸博物馆藏　　　　　一品仙鹤补子　　　　　一品狮子补子

除了上述用于区分官员品阶的补子以外，还有一些以神兽为题材的补子，多用于皇家对官员等的恩赐。

龙纹补子　　　　　斗牛纹补子　　　　　凤鸟纹补子

明代缀补忠靖服文物
中国国家博物馆藏

明代缀补忠靖服补子细节
中国国家博物馆藏

　　缝缀上补子的服饰称为补服，补服在明代男性服饰中多用作官员服饰。若补子缝缀于袍服上，则用作官员常服或燕居服（退朝后的家居服）等。

明代男性缝缀一品仙鹤补子道袍复原效果图（正面）

明代男性缝缀一品仙鹤补子道袍复原效果图（侧面）

明代男性缝缀斗牛补子忠静冠服复原效果图

　　明代女性在受到诰封后也可在衣服上使用补子，除了使用与丈夫品阶相符的补子以外，还可以使用如鸾鸟、凤凰等女性专属的补子。与男性不同的是，女性可使用补子的服饰就比较多了，不仅可以缝缀在一些较正式的袍服上，还可以用在一些较低级别的衫袄上，而这些较低级别的服饰在缝缀上补子以后也可以用作女性的常服、吉服使用。

女性缀补立领袄文物
中国丝绸博物馆藏

明代的补子并不仅只有上述政治含义较高的"禽""兽"类型，还有不少政治含义较低的补子，多为吉庆题材，如以节日题材设计的补子，比较典型的有七夕补子、端午补子等。这些题材与政治、品阶无关，所以一般只用于女性吉服。

节日题材的补子文物

 十四、爱"显摆"的明代人

现代人常用"显摆"来形容一个人喜欢炫耀，但其实几百年前的明代人也爱"显摆"，只不过这个"显摆"是指服饰上的一个特殊构造——外摆。

外摆结构是明代服饰中十分重要的结构之一，基本特征是在衣物的两侧开衩处各延伸出一块多余的布料，衣物上身时这部分多余的布料自然下垂，遮挡住开衩部分。

明代外摆结构和形状是随时代变化的。在外摆成型时是呈斜向下的形状，而后外摆角度逐渐变得水平，再到后期角度开始上扬，最后到明末呈现一种冲天尖角的外摆形状。

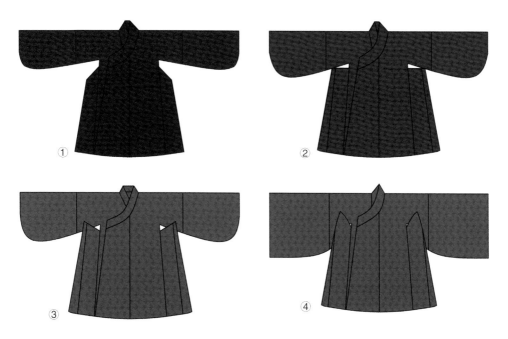

①~④明代直身袍外摆基本结构演变示意图

外摆结构在明代服饰中的使用是非常普遍的，多用于男性袍服上，比较具有代表性的就是明代男性的直身袍与圆领袍以及褡护。

直身袍的基本结构为交领右衽、通裁，两侧开衩接外摆。直身袍是明代男性的便服，也可以缀上补子或云肩通袖膝襕装饰作为常服和吉服使用。另外，直身袍也常用作男性圆领袍的内搭衣物使用。

明代前期外摆褡护文物
摄于中国丝绸博物馆"风宪衣冠"展

明代后期直身袍复原效果图（正面）

明代后期直身袍复原效果图（侧面）

男性圆领袍服的基本结构为圆领右衽、通裁开衩，袖子有小有大，开衩处接外摆或捏褶。圆领袍服的发展也和交领袍服一样，有一个由窄小变宽大的过程。其开衩处的处理方式也如交领类外摆的变化趋势一样，是一个角度不断上扬的过程。

①~④圆领袍外摆基本结构演变示意图

男性圆领袍服是流行于明代士大夫阶层和贵族阶层的一种服饰，多作为男性官员的常礼服、吉服。在民间如婚礼等重大场合，普通男性也可穿着圆领袍服。

明代后期男性圆领袍复原图（侧面）

明代后期男性圆领袍复原图（正面）

男性圆领袍服的装饰主要有三类：素地、补子、云肩通袖膝襕。在明代，素地的圆领袍服是男性官员的公服，本为日常上朝时所穿，后被常服取代，仅在少数场合穿着，并有着严格的颜色品阶规定。主要分三大品阶色系，即一至四品穿绯色、五至七品用青色、八品以下用绿色。

缀补子的圆领袍服则是男性官员的常服，为日常上朝所穿，品阶用补子区分，所以对衣服无颜色要求。有云肩通袖膝襕装饰的圆领袍服为男性吉服，用于吉庆场合穿着。

明代暗花缎孔雀补圆领袍文物　中国丝绸博物馆藏

着大红公服的男性容像

孔府旧藏云鹤补红罗袍文物　山东博物馆藏

明代还有一类添加外摆的半袖类型的交领袍服，称为"褡护"，基本款式为交领右衽、通裁侧开衩接摆，类似于短袖的直身袍。

带外摆类型的褡护多用作外衣穿着，可穿于贴里、道袍等袍服之外。带内摆类型的褡护基本作为内衣穿着，衬于其他袍服之下，并不外露。但要注意的是，褡护外穿的穿法到了明代后期就不流行了，所以在历史上褡护的发展也基本停滞于明代后期。

孔府旧藏明代外摆褡护文物
山东博物馆藏

第七章

清代

清代服饰简述

　　清代是由满族建立的朝代，也是中国历史上最后一个封建王朝。清军入关后，为了加强对汉族人的文化与精神统治，在服饰方面强制颁布了剃发易服令，要求所有汉族人改穿由官方规定的服饰，并且要求所有男性将头发剃成官方规定的发型。就此，汉族人被迫中断了延续几千年的服饰体系。但由于民间对剃发易服令的强烈抵制，清廷也对政策的实施放宽了一些条件，也就是所谓的"十从十不从"说法。例如，男从女不从，男性要换成规定的服饰，而女性可以不换；生从死不从，活着的时候要穿着规定的服饰，而死后可用其他服饰下葬……得益于"十从十不从"，汉族服饰得以保留。

清代容像中汉服女性
与满服男性形象
浙江义乌博物馆藏

　　在清代前期，清廷下令女性可以不用易服，所以女性仍保留了明代的服饰。汉族女性服饰与满族女性服饰还是有着比较大的区别的，但随着时间的推移，满汉女性的服饰逐渐融合，到了清代中期以后，保留下来的汉族女性服饰有了很明显的满族服饰的特征，但在基本穿衣方式上，还是保留了上衣下裳的穿衣传统。

而男性作为剃发易服令中的改变主体，明代流传下来的服饰被迫舍弃，男性皆改穿清代规定的以长袍和马褂为主的款式，明代男性服饰仅在一些戏曲服饰和僧道服饰中有少量保留。

清代服饰中代表性的"厂"字形大襟　中国国家博物馆藏

清代男性朝服文物
中国国家博物馆藏

 一、清代汉族女子装束

　　由于清代剃发易服中"男从女不从"的政策，才保留下一些女性汉族装束。这些装束多为延续明末风格的衣物，以上衣下裳制为主，外穿罩衣。

雍正时期《十二美人图》中的汉族女子衣饰形象
北京故宫博物院藏

清代初期女装相较明末女装在款式上变得稍微窄小了一点，袖子也从大袖逐渐变成了以直袖为主，但整体结构依旧沿袭明代女装的裁剪结构。

清初汉族女性服饰复原效果图（侧面）

清初汉族女性服饰复原效果图（正面）

清代女性的礼服也沿袭了明代款式，多以圆领袍服为主，上饰云肩通袖膝襕或补子，头戴凤冠，外罩霞帔。清代的霞帔相较明代，发生了巨大变化，由明代的一对长布条款式变成了背心款式。

《崇庆皇太后八旬万寿图》中清代汉妃礼服形象 北京故宫博物院藏

清代石青色缎绣云龙纹云雁补霞帔文物 中国丝绸博物馆藏

清代中期以后，汉族女性服饰开始与满族女性服饰发生融合。最明显的特征就是汉族女装的领襟开始逐渐变成女性旗装中"厂"字形的领襟。

清代"厂"字襟汉族女性服饰文物　苏州丝绸博物馆藏

清代对襟式汉族女性服饰文物　苏州丝绸博物馆藏

　　清代后期，汉族女性的服饰已经看不出明代服饰特征，虽依旧以上衣下裳制的穿衣方式为主，但衣物的款式与结构已经与传统汉族服饰结构相差甚远。

　　在审美方面，清代女性服饰开始变得繁复华丽，衣物的装饰和花纹也开始增多。例如，清初开始汉族女性流行一种名为云肩的华丽装饰，即用布料裁剪成各种形状，围戴于领口，多为云朵状，故称云肩。

清代白地盘金绣人物动物花卉风景纹云肩文物
苏州丝绸博物馆藏

明代流行的马面裙在进入清代后也发展出众多款式。明代马面裙裙片上多捏宽大的褶子，而进入清代马面裙上的褶子开始变得更细更多，有些还会在褶子上进行间隔缝纫固定，整体看起来呈鱼鳞状，又称"鱼鳞百褶裙"。

除了捏褶上的区别，清代马面裙还发展出一类无捏褶的马面裙，直接以三角形的裁片代替褶子，或将褶子缝死，把裙子制作成扇形。

鱼鳞百褶马面裙文物
苏州丝绸博物馆藏

扇形马面裙文物
哈尔滨市博物馆藏

在装饰方面，明代装饰的区域多固定为膝襕和底襕，除此以外并不会出现其他区域的装饰。而清代马面裙的装饰区域是非常多的，除了裙门外，还可以在裙片的边缘线处缝缀花边，甚至可以在布料拼缝处添加花边。

装饰华丽的清代马面裙文物
苏州丝绸博物馆藏

清代马面裙裙门装饰细节文物
哈尔滨市博物馆藏

除了花边类装饰，清代马面裙还流行一种名为"凤尾裙"的特殊装饰，穿着时系在裙外，形似凤尾。发展到清代后期，两者可以结合成一条一体式的裙子。

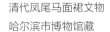
清代凤尾马面裙文物
哈尔滨市博物馆藏

清代女性的裤子也产生了不小的变化，结构上变得更加简单，而装饰上却因清代流行外穿裤装，所以变得丰富起来。

清代裤子文物
中国丝绸博物馆藏

明代女性服饰在一些特殊类型的服饰体系中保留了下来，例如清代的戏服，基本款式和结构依旧延续明代，并且由于戏服并非大众服饰，所以基本没有参与服饰的民族融合与变迁。因此清代的戏服才能够保留明代传统汉族服饰的样式，甚至在今天的戏曲服饰中依旧能看到明代服饰的影子。

清代黄色绫彩绘二团牡丹蝶纹宫衣文物
北京故宫博物院藏

二、被边缘化的清代男子汉装

　　由于剃发易服令的影响，汉族男性被迫抛弃了流行数千年的汉族衣冠。汉族传统服饰仅在一些边缘化的服饰体系中得以保留，例如戏曲服饰、宗教服饰等。

　　清代男性戏曲服饰的基本款式和结构也是沿袭明末服饰。在装饰方面，由于仅供戏曲表演，所以无论男女，服饰的花纹都非常繁复，颜色也十分艳丽。

清代黄色纳纱方棋朵花蝴蝶纹男帔文物
北京故宫博物院藏

清代粉色团龙群仙祝寿织金男帔文物
北京故宫博物院藏

　　男性戏服由于不参与服饰的流行与演变，因此自清初以来，男性戏服的基本结构几乎没有发生较大的改变，甚至在现今的戏曲服饰上还能看到一些明代男性流行服饰的影子。

清代姜黄色盘绦朵花纹锦开氅文物
北京故宫博物院藏

清代杏黄色缎绣蝠桃十团寿纹寿星衣文物
北京故宫博物院藏